サイエンス
ライブラリ 現代数学への入門 = 11

偏微分方程式 [新訂版]

加藤義夫 著

サイエンス社

監修のことば

　数学は，隣接領域からの要因によって刺激をうけて進展し，かつまた自らの内なる必然によって大きく発展する．さらに隣接領域における研究に貢献する．最近ではその隣接領域は自然科学のみならず，広く社会科学，人文科学にまで及んでいる．したがって現代数学の素養は，数学の専攻を志す人ばかりでなく，応用する人あるいは実務にたずさわる人にとっても，必須なものとなっている．

　ところで，大学初年級における数学の基礎課程を終えた学生諸君が，各専門分野において現代数学に接するとき，多くの困難にであうように見受けられる．それは，基礎課程の数学と専門分野における数学との間に多少のギャップがあるためであろう．まして，数学からしばらく遠ざかっていた人々があらためて現代数学を学ぼうとすれば，意外なとまどいを覚えるのではなかろうか．

　本ライブラリは，現代数学に対するとまどい，困難を克服する手助けとなるべく企画されたものである．そのために，現代数学の基本事項をとりあげ，多くの具体例を通してなじみやすくかつ簡明に述べ，手頃な小冊子にまとめた．現代数学を必要とする人々にとってよき入門書でありかつまた格好の手引書となることを願うものである．

　なお，監修にあたっては，理工系の学生ばかりでなく，広く自然科学，社会科学，人文科学および実務にたずさわる人々にも利用できるよう，テーマの選択と内容の記述に配慮した．

能代　清

新訂版へのまえがき

　本書の初版本が世に出てからすでに四半世紀以上の歳月が経ちました．この間に科学技術の高度化や社会の多様化が進み，研究教育環境も大きく変わりました．それに伴い大学院への進学率も増加の傾向にあります．そこで，大学院を目指す学生諸君には勿論のこと，初めて偏微分方程式を学ぼうという人達にも，より理解しやすいように初版本を改訂することにしました．

　初版では，直接偏微分方程式に関係しない事柄は簡単に述べるに留めてありました．しかしながら，フーリエ解析（フーリエ級数，フーリエ変換，ラプラス変換）は偏微分方程式へのかかわりが特に強いので，この新訂版ではフーリエ解析の内容を充実して，これを独立した第2章としてまとめました．そして第1章の1.6節にはガウスの公式，グリーンの公式そしてストークスの公式などいわゆる積分公式をかなり詳しく述べました．

　また，各章の終わりにある演習問題をさらに充実させました．その中には大学名入りで最近の大学院入試問題も配列しておきました．

　定理，例題そして問の配列には，より使いやすくより理解しやすくするための工夫をしたつもりです．

　最後になりましたが，この新訂版の出版を熱心に勧めてくださったサイエンス社編集部の田島伸彦氏に感謝致しますとともに，平勢耕介氏をはじめ編集部の方々に大変お世話になりましたことを心からお礼を申し上げます．

　　2003年8月

　　　　　　　　　　　　　　　　　　　　　　　　　　加　藤　義　夫

まえがき

　本書は，2つ以上の独立変数をもつ関数の微分積分についての一応の学習をおえて，初めて偏微分方程式を学ぼうとする人達のための入門書である．
　偏微分方程式はもともと自然現象の法則を数学の言葉で書き表したものであって，それを解くことによってわれわれはいろいろと自然現象を予知したり，利用したりすることができたのである．また他方では，偏微分方程式は解析学の一部門として純粋に数学的に発展し，今日では数学の他の部門にも計り知れないほどの影響を与えつつあるのである．したがって，偏微分方程式を学ぼうとする人達の中には，純粋に数学的な立場の人や，それを応用しようとする理工学的立場の人もあろう．さらには社会科学に応用しようという人達もあろう．しかし，いずれにしても，初めて偏微分方程式を学ぼうという人達にはどうしてもこれだけは必要であろうと思われる基礎概念を，例題などもまじえて解説したのが本書である．
　本書では，おもに2個の独立変数をもった1階偏微分方程式および2階の定数係数線形偏微分方程式を中心にして議論を進めることにした．第1章では，準線形1階偏微分方程式の一般的な解法を示し，ついで簡単な例によって非線形の1階偏微分方程式はいかにして取り扱ったらよいかについて説明した．少し心残りではあったが，一般の2階偏微分方程式に対する初期値問題については一通りの説明だけに止めた．以下2階偏微分方程式が3つの型に分類されることを述べ，最後にガウスの定理，フーリエ級数，フーリエ積分についてごく簡単に説明したが，これらは偏微分方程式の研究には古くから重要な道具であったが，今もその重要さに変わりはない．第2章では，1次元波動方程式に対するコーシー問題および混合問題をまず論じ，それを用いて2次元3次元の波動方程式のコーシー問題の解の公式を導く方法を述べた．第3章では，いわゆるポテンシャル方程式の解である調和関数の性質をしらべ，同時に応用上でも重要なディリクレ問題についてはかなり詳しく説明した．ただページ数の関係上証明を省略したところもあるが，これらについては参考書として巻末に掲げた書物で補ってほしい．第4章では，放物型方程式としての熱方程式に対する初期値境界値問題および初期値問題について一通りの説明を与えた．

まえがき

　本文に直接関係のある問題は本文の途中に問として掲げておいた．各章の終わりにある演習問題は本文の理解を深めることができるように配慮したつもりである．

　最後に本書の執筆をおすすめ下さった能代清先生および岸正倫氏に深く感謝するとともに，原稿作成上において協力と助言を惜しまれなかった橋本佳明君に厚く感謝の意を表する．また出版に際しては，森平勇三，渡辺和夫両氏をはじめサイエンス社の方々に大変御世話になり，心からお礼を申し上げたい．

　　1975年4月

加　藤　義　夫

目 次

1 序論
- 1.1 偏微分方程式とその解 1
- 1.2 準線形1階偏微分方程式 4
- 1.3 非線形1階偏微分方程式 13
- 1.4 初期値問題 19
- 1.5 2階偏微分方程式の分類 27
- 1.6 積分公式 33
- 演習問題 41

2 フーリエ解析
- 2.1 フーリエ係数 45
- 2.2 フーリエ級数 49
- 2.3 フーリエ積分 54
- 2.4 ラプラス変換 61
- 演習問題 68

3 双曲型偏微分方程式
- 3.1 コーシー問題 73
- 3.2 混合問題 78
- 3.3 3次元波動方程式 90
- 3.4 2次元波動方程式と解の一意性 95
- 3.5 一般の双曲型方程式 99
- 演習問題 103

目 次

4 楕円型偏微分方程式

- 4.1 調和関数と算術平均 ... 107
- 4.2 調和関数の性質 ... 110
- 4.3 円に対するディリクレ問題 ... 117
- 4.4 一般の領域に対するディリクレ問題 ... 122
- 4.5 素解とグリーン関数 ... 133
- 4.6 ポアソンの方程式 ... 137
- 4.7 一般の楕円型方程式 ... 141
- 演 習 問 題 ... 144

5 放物型偏微分方程式

- 5.1 初期値境界値問題 ... 149
- 5.2 初期値問題と基本解 ... 154
- 5.3 初期値問題（解の存在と一意性）... 158
- 演 習 問 題 ... 164

参 考 書 ... 168
問 題 略 解 ... 169
索　　引 ... 187

1 序論

1.1 偏微分方程式とその解

独立変数 $x, y, \cdots$ とそれらの未知関数 $u(x, y, \cdots)$ およびその偏導関数

$$u_x = \frac{\partial u}{\partial x}, \quad u_y = \frac{\partial u}{\partial y}, \quad u_{xx} = \frac{\partial^2 u}{\partial x^2}, \quad u_{xy} = \frac{\partial^2 u}{\partial x \partial y}, \quad \cdots$$

を含む方程式を，関数 u に関する**偏微分方程式**という．未知関数を 2 つ以上含む場合もある．1 つまたはそれ以上の未知関数とそれらの偏導関数を含む 2 つ以上の方程式の集まりを**連立偏微分方程式**という．方程式に現れる最高階の偏導関数の**階数**が n であるとき，その方程式は **n 階**であるという．与えられた偏微分方程式に，関数 $u(x, y, \cdots)$ およびその偏導関数を代入したとき，$x, y, \cdots$ に関して恒等式となっている場合に u のことを方程式の**解**という．

未知関数とその偏導関数に関して 1 次式となっている偏微分方程式を**線形**であるという．もっと一般に最高階の偏導関数についてのみ 1 次式となっている場合にはそれを**準線形**という．線形でない方程式を一般的に**非線形**という．

偏微分方程式は数学のいろいろな分野での研究において現れるばかりでなく，自然現象を数学の言葉を使って研究しようとする場合，必ずといってよいほど偏微分方程式が登場するのである．

■**例1** 未知関数 $u(x, y)$ に関する偏微分方程式

$$yu_x - xu_y = 0$$

は 1 階線形である．$f(t)$ を変数 t の連続的微分可能な関数とするとき，$u = f(x^2 + y^2)$ はその解である．

■**例2** 偏微分方程式

$$u_x + v_y = 0$$

は 2 つの未知関数 u, v に関する 1 階線形の方程式である．$\phi(x, y)$ を変数 x, y の 2 回連続的微分可能な関数とするとき，$u = \phi_y, v = -\phi_x$ はその解である．

■**例3** 2 つの偏微分方程式

$$u_x = v_y, \quad v_y = -v_x$$

は未知関数 u, v に関する 1 階線形の連立方程式である．これを通常**コーシー・リーマン**（Cauchy–Riemann）の**方程式**という．$z = x + iy \, (i = \sqrt{-1})$ の正則関数の実数部分 u と虚数部分 v はこの方程式をみたしている．

■**例4** $f(x, y)$ および $g(x, y)$ を与えられた関数とするとき

$$u_x = f, \quad u_y = g$$

は未知関数 u に関する 1 階線形の連立方程式である．この方程式が解をもつためには，$f_y = g_x$ なることが必要である．

■**例5** 未知関数 $u(x, y)$ に関する偏微分方程式

$$u_y + u u_x = 1$$

は 1 階準線形である．

$$u = y + 1 \quad \text{および} \quad u = (y^2/2 + y + x)/(y + 1)$$

はそれぞれ解である．

■**例6** x と y の関数 u に関して，

$$u_x^2 + u_y^2 - u = 0$$

は線形でも準線形でもない 1 階の方程式である．

$$u = (x^2 + y^2)/4$$

はその解である．

■**例7** 偏微分方程式

$$(1 + u_y^2) u_{xx} - 2 u_x u_y u_{xy} + (1 + u_x^2) u_{yy} = 0$$

は 2 階準線形である．

■**例8** 偏微分方程式

$$u_y + u u_x + u_{xxx} = 0$$

は 3 階準線形である．

1.1 偏微分方程式とその解

■**例9** 2階の偏微分方程式

$$u_{xx}u_{yy} - u_{xy}^2 = 0$$

は線形でも準線形でもない．

■**例10** 未知関数 u に関する2階線形方程式

$$\Delta u = u_{xx} + u_{yy} + u_{zz} = 0$$

を**ポテンシャル方程式**または**ラプラス（Laplace）の方程式**という．これは次の例11および例12とともに数理物理学においてきわめて重要な方程式である．

■**例11** c を正の定数とし，t を時間変数とするとき

$$\Delta u = u_{xx} + u_{yy} + u_{zz} = \frac{1}{c^2}u_{tt}$$

を（3次元）**波動方程式**という．これは4つの変数 x, y, z, t の未知関数 u に関する2階線形方程式である．

■**例12** k を正の定数とし，t を時間変数とするとき

$$\Delta u = u_{xx} + u_{yy} + u_{zz} = \frac{1}{k}u_t$$

を**熱方程式**という．これも未知関数 u に関する2階線形方程式である．

■**問1** 例 1, 2, 3, 4, 5, および 6 を確かめよ．
■**問2** 例 3 を証明せよ．
■**問3** 例 5, 6 において x だけに関係する解および y だけに関係する解をすべて求めよ．

　これらの例からもわかるように，解は一般にたくさんあるものである．このたくさんのなかから1つだけ選び出すためには，ある種の**付帯条件**を，求めるべき未知関数に課するのが普通である．偏微分方程式が自然現象を記述したものであるということからみても，その解はある種の条件のもとにただ1つしかないということは当然である．その付帯条件がどんなものであるかは考えている方程式の種類にもよるが，これらは各章で順次説明されるであろう．

　線形偏微分方程式において，未知関数 u およびその偏導関数 $u_x, u_y, u_{xx}, u_{xy}\cdots$ にかかっている係数がすべて定数のとき，これを**定数係数線形偏微分方程式**という．例 2, 3, 4, 10, 11 および 12 に現れた方程式はすべて定数係数の方程式である．

本書では，おもに 2 個の独立変数をもった 1 階準線形および 2 階の定数係数線形偏微分方程式を中心にして議論を進めることにする．というのは，これらが初等的であると同時に偏微分方程式の研究にとって基本的だからである．たとえば 1 階の定数係数線形方程式に関する結果は，常微分方程式（独立変数が 1 個だけからなる微分方程式）における解の存在に関する定理を認めれば，そのまま準線形方程式に対しても成り立つことは次節でみる通りである．

1.2 準線形 1 階偏微分方程式

まず初めに，2 個の独立変数 x, y の 1 階定数係数線形偏微分方程式

$$au_x + bu_y = cu + f(x, y) \tag{1}$$

を考える．ここで，もちろん a, b, c は定数であって，$a^2 + b^2 \neq 0$ とし，$f(x, y)$ は与えられた x, y の関数である．このとき方程式 (1) の解 u をさがそう．この方程式の左辺は直線

$$x = at + x_0, \quad y = bt + y_0 \tag{2}$$

に沿っての u の導関数となっている．それは連鎖律

$$\frac{d}{dt} u(at + x_0, bt + y_0) = au_x + bu_y$$

から明らかである．ここで t はパラメータであり，x_0, y_0 は任意の定数である．よってこの直線 (2) の上では，u は

$$\frac{du}{dt} = cu + f(at + x_0, bt + y_0)$$

をみたしていなければならない．すなわち

$$\frac{d}{dt}(e^{-ct} u) = e^{-ct} f(at + x_0, bt + y_0) \tag{3}$$

をみたしている．

いま $t = 0$ で，すなわち $x = x_0, y = y_0$ で u の値 u_0 が指定されているならば，(3) は

$$u = e^{ct} \left(\int_0^t e^{-c\xi} f(a\xi + x_0, b\xi + y_0) d\xi + u_0 \right) \tag{4}$$

1.2 準線形1階偏微分方程式

なる解をもつ．いい換えれば，$x = x_0$, $y = y_0$ で u の値 u_0 がわかっていれば，点 (x_0, y_0) を通る直線 (2) の上では u は (4) によって自然ときまってくるのである．こうして直線 (2) は方程式 (1) の特性をよく表しているので，これを方程式 (1) の**特性線**という．以上の事実を用いて，与えられた曲線

$$\Gamma : x = x_0(s), \quad y = y_0(s), \quad (s はパラメータ)$$

上で $u = u_0(s)$ なる値をとる方程式 (1) の解を次のように作ることができる．まず $x = x_0(s), y = y_0(s)$ を通る特性線

$$x = at + x_0(s), \quad y = bt + y_0(s) \tag{5}$$

の上では，(4) をみればすぐわかるように，u は

$$u(s, t) = e^{ct}\left(\int_0^t e^{-c\xi} f(a\xi + x_0(s), b\xi + y_0(s))d\xi + u_0(s)\right) \tag{6}$$

で与えられる．(5) を s, t について解いて $s = s(x, y)$, $t = t(x, y)$ とし，これを (6) の $u(s, t)$ に代入して得られる関数

$$U(x, y) = u(s(x, y), t(x, y))$$

が (1) をみたし，Γ 上すなわち $t = 0$ のとき

$$U(x, y)_{t=0} = U(x_0(s), y_0(s)) = u_0(s)$$

をみたすであろう．実際，

$$U(x, y)_{t=0} = u(s(x_0, y_0), t(x_0, y_0)) = u(s, 0) = u_0(s), \tag{7}$$

さらに

$$\begin{aligned} aU_x + bU_y &= a(u_s s_x + u_t t_x) + b(u_s s_y + u_t t_y) \\ &= u_s(as_x + bs_y) + u_t(at_x + bt_y), \end{aligned}$$

ところが $s_t = 0$, $t_t = 1$ および

$$\begin{aligned} s_t &= s_x x_t + s_y y_t = as_x + bs_y, \\ t_t &= t_x x_t + t_y y_t = at_x + bt_y \end{aligned}$$

であるから，$aU_x + bU_y = u_t$ を得る．他方，(6) から $u_t = cu + f(x,y)$ なることがわかる．よって $U(x,y)$ は (1) をみたすことがわかった．

次に (7) をみたす (1) の解はこの $U(x,y)$ 以外にはないことを示そう．いま $V(x,y)$ が (7) をみたす (1) のかってな解とする．$W = U - V$ とおけば，W は

$$aW_x + bW_y = cW, \quad W(x_0(s), y_0(s)) = 0$$

をみたす．よって直線 (5) の上で $W = 0$ となることが (6) からわかる．よってすべての x, y で $W(x,y) = 0$，すなわち $U = V$ となるわけである．

残る問題は (5) がいかなるとき，すべての (x, y) に対して s, t について解けるかである．それにはヤコビアンが

$$\frac{\partial(x,y)}{\partial(s,t)}\bigg|_{t=0} = \begin{vmatrix} x_s & x_t \\ y_s & y_t \end{vmatrix}_{t=0} = b\frac{dx_0}{ds} - a\frac{dy_0}{ds} \neq 0$$

ならばよいことが陰関数の理論からわかっている．すなわち曲線 Γ のどんな接線も特性線でなければよいのである．とくに Γ が直線

$$x = \alpha s + x_0, \qquad y = \beta s + y_0$$

のときには，(5) がすべての (x, y) に対して s, t について解けるのは $\alpha b - \beta a \neq 0$，すなわち Γ が特性線でないときに限ることがすぐにわかる．実際このときに限って連立方程式

$$x = at + \alpha s + x_0, \qquad y = bt + \beta s + y_0$$

はどんな (x, y) に対しても，s, t について解くことができるのである．

こうして曲線 Γ 上の各点での接線が方程式 (1) の特性線でないならば，Γ 上で u が $u_0(s)$ なる値をとるという付帯条件のもとに，方程式 (1) はただ 1 つの解をもつことがわかった．曲線 Γ は $t = t(x,y) = 0$ によって定まる曲線に一致しているので，上にのべた条件は $t = 0$ のとき $u = u_0(s)$ であるといい換えてもよい．もしもパラメータ t を時間変数のごとく考えるならば，Γ のことを**初期曲線**，$u_0(s)$ のことを**初期値**，「$t = 0$ のとき $u = u_0(s)$」という条件を**初期条件**，そしてかかる条件のもとで方程式 (1) の解を求めよという問題を**初期値問題** といってよいであろう．

1.2 準線形1階偏微分方程式

> **例題 1.1** 直線 $x = s$, $y = 0$, すなわち x 軸上で $u = u_0(s)$ なる値をもつような方程式
> $$2u_x + u_y = 1 \tag{8}$$
> の解を求めよ.

解 $x_0 = s$, $y_0 = 0$ を通る特性線は, この場合には

$$x = 2t + s, \qquad y = t$$

となる. これを s, t について解いて, $s = x - 2y$, $t = y$ を得る. $f = 1$ かつ $c = 0$ であるから (6) 式は

$$u(s, t) = \int_0^t d\xi + u_0(s) = t + u_0(s)$$

で与えられる. よって求めるべき解は

$$u = y + u_0(x - 2y)$$

であることがわかる. (解終)

> **例題 1.2** $$u_k(x, y) = y + (x - 2y)^k \qquad (k = 1, 2, \cdots)$$
> によって定まる関数 u_k はすべて方程式 (8) をみたしていて, さらに直線 $x = 2s$, $y = s$ (方程式 (8) の特性線) の上では k に無関係に $u_k = s$ となっていることを示せ.

解 例題 1 において $u_0(s) = s^k$ として得られる解が u_k となっていることおよび $u_k(2s, s) = s + 0^k = s$ となっていることはたやすく示すことができる.

(解終)

●**注意 1** 初期曲線が特性線と一致している場合には, かってに初期値を与えたのではその初期値問題の解は存在しないのである. なぜならば特性線の上の1点 (x_0, y_0) で u の値 u_0 を与えれば, その直線上では u の値は (4) によって自動的にきまってしまうからである. しからばこうしてきまった u の値を初期値としてもつ初期値問題はといえば, それは無数に解をもつことが例題 1.2 からわかる.

方程式 (1) に関していままで考えてきた初期値問題の解法は，より一般的な方程式に対しても適用できることを次に説明しよう．すなわち次の定理が成り立つのである．

定理 1.1 1 階準線形偏微分方程式

$$a(x,y,u)u_x + b(x,y,u)u_y = c(x,y,u) \tag{9}$$

を考える．ここで a, b, c はそれぞれ x, y, u に関して連続的微分可能とする．初期曲線 $\Gamma : x = x_0(s)$, $y = y_0(s)$ に沿って初期値 $u = u_0(s)$ が与えられているとする．ただし $x_0(s)$, $y_0(s)$, $u_0(s)$ は $0 \leqq s \leqq 1$ において s について連続的微分可能であると仮定する．さらに

$$a(x_0(s), y_0(s), u_0(s))\frac{dy_0}{ds} - b(x_0(s), y_0(s), u_0(s))\frac{dx_0}{ds} \neq 0 \tag{10}$$

とする．このとき方程式 (9) と初期条件

$$u(x_0(s), y_0(s)) = u_0(s) \tag{11}$$

をみたす解 u が，初期曲線の近くで，ただ 1 つ存在する．

証明 連立常微分方程式

$$\frac{dx}{dt} = a(x,y,u), \qquad \frac{dy}{dt} = b(x,y,u), \qquad \frac{du}{dt} = c(x,y,u) \tag{12}$$

の解であって，$t = 0$ のとき $x = x_0(s)$, $y = y_0(s)$, $u = u_0(s)$ をみたすものはただ 1 つ存在する．それを

$$x = x(s,t), \qquad y = y(s,t), \qquad u = u(s,t) \tag{13}$$

とする．この解 (13) の存在と，それらが s, t について連続的微分可能となることは常微分方程式の本をみていただきたい．ただし方程式 (1) の場合には，(12) はただちに解くことができて，その解は (5) と (6) によって与えられることがわかる．(13) のはじめの 2 つの方程式を s, t について解いて，それを (13) の最後の方程式に代入して，求めるべき解を得るのである．仮定 (10) から，ヤコビアンが

1.2 準線形1階偏微分方程式

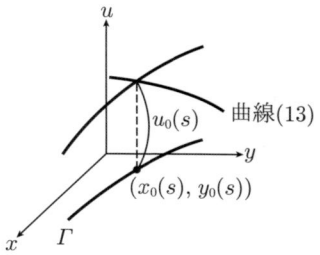

図 **1.1**

$$\frac{\partial(x,y)}{\partial(s,t)}\bigg|_{t=0} = \begin{vmatrix} x_s & x_t \\ y_s & y_t \end{vmatrix}_{t=0}$$
$$= b(x_0(s), y_0(s), u_0(s))\frac{dx_0}{ds} - a(x_0(s), y_0(s), u_0(s))\frac{dy_0}{ds} \neq 0$$

となっているので，初期曲線 $t=0$ の近傍で $x=x(s,t)$, $y=x(s,t)$ は s,t について解くことができる．それを $s=s(x,y)$, $t=t(x,y)$ とする．そして

$$U(x,y) = u(s(x,y), t(x,y))$$

とおく．これが求めるべき解であることを以下で示そう（図1.1）．まず

$$U(x,y)_{t=0} = u(s,0) = u_0(s)$$

より (11) がでる．次に

$$a(x,y,u)U_x + b(x,y,u)U_y = a(u_s s_x + u_t t_x) + b(u_s s_y + u_t t_y)$$
$$= u_s(as_x + bs_y) + u_t(at_x + bt_y) = u_s(s_x x_t + s_y y_t) + u_t(t_x x_t + t_y y_t)$$
$$= u_s s_t + u_t t_t = u_t = c(x,y,u).$$

こうして，この $U(x,y)$ が初期値問題 (9)-(11) の解であることがわかった[†]．

最後にこの $U(x,y)$ 以外には解はないことを示そう．いま $V(x,y)$ を初期値問題 (9)-(11) の任意の解とする．初期条件 $x(s,0)=x_0(s)$, $y(s,0)=y_0(s)$ をみたしている常微分方程式

[†] 方程式 (9) と初期条件 (11) とを同時にみたす解を求めよという問題を初期値問題 (9)-(11) と書き，その解を初期値問題 (9)-(11) の解ということにする．以後コーシー問題，混合問題，境界値問題などについてもこのような書き方をすることがある．

の解を $x = \bar{x}(s,t)$, $y = \bar{y}(s,t)$ とする.

$$\bar{u}(s,t) = V(\bar{x}(s,t), \bar{y}(s,t))$$

とおけば, 条件 (11) より $\bar{u}(s,0) = u_0(s)$ となる. さらに (14) より

$$\frac{d\bar{u}}{dt} = V_x \frac{d\bar{x}}{dt} + V_y \frac{d\bar{y}}{dt} = a(x,y,V)V_x + b(x,y,V)V_y = c(x,y,V)$$

がでてくる. こうして $\bar{x}, \bar{y}, \bar{u}$ は方程式 (12) の解であって, (13) における x, y, u と同じ初期値をもつことがわかった. したがって, 方程式 (12) に対する初期値問題の解の一意性から $\bar{x}, \bar{y}, \bar{u}$ は (13) の x, y, u に一致する. よって

$$V(x,y) = \bar{u}(s(x,y), t(x,y)) = u(s(x,y), t(x,y)) = U(x,y)$$

となり, 定理が証明された. (証明終)

$u(x,y)$ を方程式 (9) をみたしている関数とする. $u = u(x,y)$ は (x,y,u) 空間内の曲面を表している. この曲面 $u = u(x,y)$ を方程式 (9) の**積分曲面**という. 方程式 (12) の解 $x = x(t)$, $y = y(t)$, $u = u(t)$ はその積分曲面上にある. この解曲線の (x,y) 平面への正射影, すなわち曲線 $x = x(t)$, $y = y(t)$ が方程式 (9) の**特性線**ということになる.

■**問 1** 方程式 (1) の場合, すなわち $a(x,y,u) \equiv a$, $b(x,y,u) \equiv b$, $c(x,y,u) \equiv cu + f(x,y)$ の場合には, (x_0, y_0, u_0) を通る方程式 (12) の解曲線は (2) と (4) で与えられることを示せ.

■**問 2** 方程式 (12) の解曲線が積分曲面と 1 点を共有するならば, それはその曲面上にのっていることを証明せよ.

例題 1.3 初期条件 $x = -s$, $y = 2s$, $u = s$ $(0 \leqq s \leqq 1)$
をみたす方程式

$$uu_x + u_y = 1 \tag{15}$$

の解を求めよ.

解 まず, 条件 (10) は

1.2 準線形 1 階偏微分方程式

$$a\frac{dy_0}{ds} - b\frac{dx_0}{ds} = s\frac{d}{ds}(2s) + \frac{d}{ds}(-s) = 2s + 1 \neq 0 \qquad (0 \leqq s \leqq 1).$$

によってみたされている．方程式 (12) は

$$\frac{dx}{dt} = u, \quad \frac{dy}{dt} = 1, \quad \frac{du}{dt} = 1 \qquad (16)$$

となり，初期条件 $x(s,0) = -s$, $y(s,0) = 2s$, $u(s,0) = s$ をみたすその解（特性線）は明らかに

$$x = \frac{t^2}{2} + st - s, \quad y = t + 2s, \quad u = t + s$$

で与えられる．はじめの 2 つの式から s, t をといて，

$$s = \frac{y^2/2 - x}{y + 1}, \qquad t = \frac{2x + y}{y + 1}$$

を得る．したがって

$$u = \frac{x + y + y^2/2}{y + 1} \qquad (17)$$

が求めるべき解である． （解終）

連立常微分方程式 (12) は

$$\frac{dx}{a(x,y,u)} = \frac{dy}{b(x,y,u)} = \frac{du}{c(x,y,u)} = dt$$

と書くこともできる．ここでパラメータ t を消去して，例えば x をこの曲線を表示するパラメータにとると

$$\frac{dy}{dx} = \frac{b(x,y,u)}{a(x,y,u)}, \quad \frac{du}{dx} = \frac{c(x,y,u)}{a(x,y,u)} \qquad (18)$$

となる．初期条件 $y(x_0) = \alpha$, $u(x_0) = \beta$ をみたす (18) の解曲線を

$$y = \varphi(x, \alpha, \beta), \quad u = \psi(x, \alpha, \beta) \qquad (19)$$

とする．初期値 α, β が (y, u) 平面 $(x = x_0)$ 内にある曲線（図 1.2 参照）

$$\Gamma : F(\alpha, \beta) = 0 \quad (F \text{ は任意関数}) \qquad (20)$$

の上を動くとき，(x, y, u) 空間内に曲面が生成される．この曲面が (9) の積分

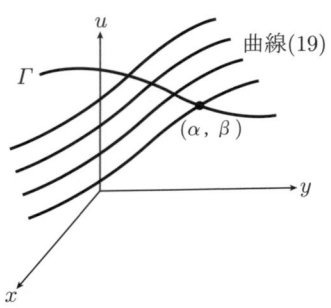

図 1.2

曲面となっていることは定理 1.1 からわかる．実際にこれを得るには，(19) を $\alpha = f(x,y,u)$, $\beta = g(x,y,u)$ と解いて，これを (20) に代入すればよい．こうして得られた解

$$F(f(x,y,u),\ g(x,y,u)) = 0$$

を方程式 (9) の**一般解**という．

例題 1.4 方程式 (15) の一般解を求めよ．

解 (16) を

$$\frac{dx}{u} = \frac{dy}{1} = \frac{du}{1} = dt$$

と変形しておく．パラメータを t から y にかえて，

$$\frac{dx}{dy} = u, \qquad \frac{du}{dy} = 1$$

となる．$x(0) = \alpha$, $u(0) = \beta$ となる解は

$$u = y + \beta, \quad x = \frac{1}{2}y^2 + \beta y + \alpha.$$

よって

$$\beta = u - y, \quad \alpha = x + \frac{1}{2}y^2 - yu.$$

一般解は

$$F\left(x + \frac{1}{2}y^2 - yu,\ u - y\right) = 0 \tag{21}$$

1.3 非線形 1 階偏微分方程式

である. (解終)

■**問 3** (21) が (15) の解であることを確かめよ. ただし, $(F_\alpha, F_\beta) \neq (0,0)$ とする. さらに $F(\alpha, \beta) = \alpha - \beta$ と選ぶと, u は (17) で与えられることを示せ.

1.3 非線形 1 階偏微分方程式

線形でも準線形でもない 1 階偏微分方程式を考えよう. その一般論を展開することはやめて, 幾何光学において重要な方程式

$$u_x{}^2 + u_y{}^2 - n(x,y)^2 = 0 \qquad (n(x,y) > 0) \qquad (1)$$

を例にとって, その**初期値問題**を考えてみよう. 初期曲線 $\Gamma : x = x_0(s)$, $y = y_0(s)$ に沿って初期値 $u = u_0(s)$ をとる解があったとして, それを $u(x,y)$ とする. さらに $p(x,y) = u_x(x,y), q(x,y) = u_y(x,y)$ とおく. Γ 上の 1 点 $P_0 = (x_0(s), y_0(s))$ を通り, かつ, 曲線群 $u(x,y) = $ 定数 と直交する曲線 (直交軌道) を

$$x = x(s,t), \qquad y = y(s,t) \qquad (2)$$

とする (図 1.3). $u(x,y) = $ 一定 によって定まる曲線に直交する方向, すなわち法線方向はベクトル (u_x, u_y) で与えられるので曲線 (2) は連立常微分方程式

$$\begin{cases} \dfrac{dx}{dt} = 2p(x,y), & \dfrac{dy}{dt} = 2q(x,y) \\ x = x_0(s), \quad y = y_0(s) \quad (t=0) \end{cases} \qquad (3)$$

の解に他ならない. 曲線 (2) に沿っての $u = u(x(s,t), y(s,t))$ の微分は

$$\frac{du}{dt} = px_t + qy_t \qquad (4)$$

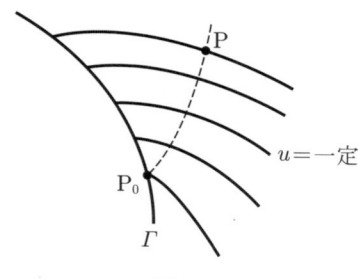

図 1.3

と書ける．さらに初期条件
$$u(x_0(s), y_0(s)) = u_0(s)$$
をみたしているということから容易に
$$u(x(s,t), y(s,t)) = u_0(s) + \int_0^t (px_t + qy_t)dt, \tag{5}$$
および
$$\frac{du_0}{ds} = p_0 \frac{dx_0}{ds} + q_0 \frac{dy_0}{ds} \tag{6}$$
を得る．ここで
$$\begin{cases} p = p(s,t) = u_x(x(s,t), y(s,t)), \\ q = q(s,t) = u_y(x(s,t), y(s,t)) \end{cases} \tag{7}$$
かつ
$$\begin{cases} p_0(s) = p(s,0) = u_x(x_0(s), y_0(s)), \\ q_0(s) = q(s,0) = u_y(x_0(s), y_0(s)) \end{cases}$$
のことである．$u(x,y)$ が Γ 上でも (1) をみたすことから
$$p_0{}^2 + q_0{}^2 - n(x_0, y_0)^2 = 0 \tag{8}$$
となっているはずである．(7) で与えられた p, q を t で微分すれば，(1) と (3) によって
$$\begin{cases} \dfrac{dp}{dt} = u_{xx}x_t + u_{xy}y_t = \dfrac{\partial}{\partial x}(u_x{}^2 + u_y{}^2) = 2nn_x, \\ \dfrac{dq}{dt} = u_{yx}x_t + u_{yy}y_t = \dfrac{\partial}{\partial y}(u_x{}^2 + u_y{}^2) = 2nn_y \end{cases} \tag{9}$$
となることがわかる．こうして (3) と (9) をみたすように x, y, p, q を求めることを考える．

　以上の考察に基づいて，方程式 (1) に対する初期値問題の解法を考えてみよう．その解 u は (5) の右辺の形に書けていることがわかったが，それを決めるには $u_0(s)$ 以外に Γ 上の各点を通る直交軌道を知らねばならない．そのためには (3) を解けばよいのであるが，$u(x,y)$ はまだ未知な関数であるから直接 (3)

1.3 非線形 1 階偏微分方程式

を解くわけにはいかない．そこで p, q が方程式 (9) をみたすべきであるということから

$$\begin{cases} \dfrac{dx}{dt} = 2p, & \dfrac{dy}{dt} = 2q, & \dfrac{dp}{dt} = 2nn_x, & \dfrac{dq}{dt} = 2nn_y \\ x = x_0(s), & y = y_0(s), & p = p_0(s), & q = q_0(s) \qquad (t=0) \end{cases} \quad (10)$$

なる連立常微分方程式（未知関数は x, y, p, q と 4 個ある）を立ててみる．そしてその解

$$x = x(s,t), \qquad y = y(s,t), \qquad p = p(s,t), \qquad q = q(s,t) \quad (11)$$

を (5) の右辺に代入したものを

$$u^*(s,t) = u_0(s) + \int_0^t (px_t + qy_t)dt \quad (12)$$

とし，(11) の始めの 2 個の式を s, t について解いて，それを $u^*(s,t)$ に代入して得られる x, y の関数が求めるべき解となるであろう．しかし，この節の初めに行った考察から，p, q の初期値 $p_0(s), q_0(s)$ としては (6) と (8) とを同時にみたすように選んでおかねばならないことがわかる．さらに，Γ 上で

$$\begin{vmatrix} \dfrac{dx_0}{ds} & \dfrac{dy_0}{ds} \\ p_0(s) & q_0(s) \end{vmatrix} \neq 0 \quad (13)$$

をみたしているならば，そこにおいてヤコビアンが

$$\dfrac{\partial(x,y)}{\partial(s,t)}\bigg|_{t=0} = \begin{vmatrix} x_s & y_s \\ x_t & y_t \end{vmatrix}_{t=0} \neq 0$$

であるから，(11) のはじめの 2 個の式を Γ の近くで解くことができる．(11) のはじめの 2 個の式 (s を固定して)

$$x = x(s,t), \qquad y = y(s,t) \quad (14)$$

によって決まる曲線を**特性線**という．条件 (13) は，したがって，Γ 上の各点からでる特性線が Γ に接しないということである．(14) を s, t について解いて，それを

$$s = s(x,y), \qquad t = t(x,y)$$

とする．こうして
$$u(x,y) = u^*(s(x,y), t(x,y))$$
が求めるべき解であることは以下のようにしてわかる．

Γ 上，すなわち $t=0$ のときには $u = u^*(s,0) = u_0(s)$ であるから u は初期条件 (4) をみたしている．次に u が (1) をみたしていることを示そう．

$$\begin{aligned}\frac{d}{dt}(p^2+q^2-n^2) &= 2pp_t + 2qq_t - 2n(n_x x_t + n_y y_t) \\ &= 2p(2nn_x) + 2q(2nn_y) - 2n(2pn_x + 2qn_y) = 0\end{aligned}$$

であるから，$p^2+q^2-n^2$ は特性線上では一定値をとることがわかる．ところが (8) によって，$t=0$ のときこれは零となっている．よってすべての s,t，したがってすべての x,y について

$$p^2 + q^2 - n^2 = 0 \qquad (15)$$

を得る．したがって $u_x = p$, $u_y = q$ を示すことができれば $u(x,y)$ は (1) をみたしていることになる．さて (12) を t および s について微分し，かつ (6), (10) そして (15) を用いて

$$u_t^* = px_t + qy_t,$$
$$\begin{aligned}u_s^* &= \frac{du_0}{ds} + \int_0^t (p_s x_t + q_s y_t + p x_{ts} + q y_{ts}) dt \\ &= \frac{du_0}{ds} + \int_0^t \{(px_s + qy_s)_t - (p_t x_s + q_t y_s) + (p_s x_t + q_s y_t)\} dt \\ &= px_s + qy_s + \int_0^t \{(p_s x_t - p_t x_s) + (q_s y_t - q_t y_s)\} dt \\ &= px_s + qy_s + \int_0^t (2pp_s - 2nn_x x_s + 2qq_s - 2nn_y y_s) dt \\ &= px_s + qy_s + \int_0^t (p^2 + q^2 - n^2)_s dt = px_s + qy_s\end{aligned}$$

を得る．他方

$$u_t^* = u_x x_t + u_y y_t, \quad u_s^* = u_x x_s + u_y y_s$$

となることと，Γ の近くで $x_s y_t - y_s x_t \neq 0$ なることから $p = u_x$, $q = u_y$ を結論することができる．

1.3 非線形 1 階偏微分方程式

■**問 1** 特性線 (14) は $u = $ 一定 によって決まる曲線に直交していることを示せ.

●**注意 1** 方程式 (1) を

$$H(x, y, p, q) = 0 \quad (p = u_x, \ q = u_y)$$

と書くならば, 連立常微分方程式 (10) は

$$\frac{dx}{dt} = H_p, \quad \frac{dy}{dt} = H_q, \quad \frac{dp}{dt} = -H_x, \quad \frac{dq}{dt} = -H_y$$

となる. 一般に 1 階偏微分方程式 $H(x, y, p, q) = 0$ は, 上の連立常微分方程式を用いて, この節で行った論法で取り扱うことができる.

●**注意 2** (6) と (8) とを同時にみたすような p_0, q_0 の組はせいぜい 2 組しかない. 1 組しかないこともあり, 1 組もないこともある (図 1.4).

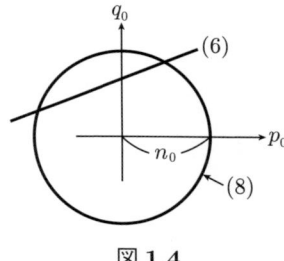

図 1.4

例題 1.5 初期曲線 Γ が y 軸, すなわち $x_0(s) = 0, y_0(s) = s$ で与えられているとき, その上で $u = \beta s \, (0 < \beta < 1)$ なる値をもち, かつ方程式

$$u_x{}^2 + u_y{}^2 - 1 = 0$$

をみたす解を求めよ.

解 方程式 (10) は

$$\begin{cases} \dfrac{dx}{dt} = 2p, & \dfrac{dy}{dt} = 2q, \quad \dfrac{dp}{dt} = 0, \quad \dfrac{dq}{dt} = 0 \\ x = 0, & y = s, \quad\ \ p = p_0(s), \quad q = q_0(s) \end{cases}$$

となり, これはただちに解くことができて,

$$x = 2p_0(s)t, \quad y = 2q_0(s)t + s, \quad p = p_0(s), \quad q = q_0(s)$$

がその解である．ただし $p_0(s), q_0(s)$ は (6) と (8) とを同時にみたすように選ばれなければならない．$u_0(s) = \beta s$ であるから，(6) と (8) は

$$q_0(s) = \beta, \quad p_0(s)^2 + \beta^2 - 1 = 0$$

と書くことができる．したがって

$$p_0(s) = \pm\alpha, \quad q_0(s) = \beta \quad (\alpha^2 + \beta^2 = 1, \alpha > 0)$$

でなければならない．このとき，

$$u^*(s,t) = \beta s + \int_0^t (2p_0{}^2 + 2q_0{}^2)dt = \beta s + 2t$$

である．$p_0 = \alpha, q_0 = \beta$ ととれば，特性線（反射線）は

$$x = 2\alpha t, \quad y = 2\beta t + s$$

である．これを s, t について解いて

$$s = y - \frac{\beta}{\alpha}x, \quad t = \frac{x}{2\alpha}$$

となり，これを $u^*(s,t)$ に代入して

$$u_{反}(x,y) = \alpha x + \beta y$$

を得る．$p_0 = -\alpha, q_0 = \beta$ ととれば，もう 1 つの特性線（入射線）と解は

$$x = -2\alpha t, \quad y = 2\beta t + s; \quad u_入(x,y) = -\alpha x + \beta y$$

となる（図 1.5）． (解終)

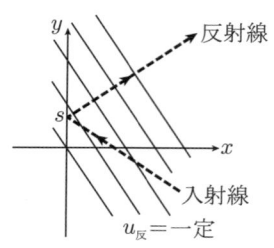

図 1.5

1.4 初期値問題

前節および前々節においては1階の方程式に対する初期値問題を考えた．ここでは2個の独立変数 x, y に関する2階の線形偏微分方程式

$$a(x,y)u_{xx} + 2b(x,y)u_{xy} + c(x,y)u_{yy} + 2d(x,y)u_x$$
$$+ 2e(x,y)u_y + f(x,y)u = h(x,y) \tag{1}$$

に対する初期値問題について考えてみよう．ただし係数 $a, b, \cdots, f$ および h は x, y の関数とする．初期曲線は

$$\Gamma : \varphi(x, y) = 0$$

で与えられているとし，かつすべての x, y に対して

$$\varphi_x(x,y)^2 + \varphi_y(x,y)^2 \neq 0 \tag{2}$$

と仮定する．Γ 上の1点 P における単位法線ベクトル $\boldsymbol{n} = (\alpha, \beta)$ は

$$\alpha = \frac{\varphi_x(\mathrm{P})}{\sqrt{\varphi_x(\mathrm{P})^2 + \varphi_y(\mathrm{P})^2}}, \quad \beta = \frac{\varphi_y(\mathrm{P})}{\sqrt{\varphi_x(\mathrm{P})^2 + \varphi_y(\mathrm{P})^2}}$$

で与えられる．P の近くで定義された関数 $u(x, y)$ に対して $\alpha u_x(\mathrm{P}) + \beta u_y(\mathrm{P})$ を u の P における**法線微分**といい，$\partial u/\partial n$ と書くことにする（図1.6参照）．

■**問1** $P = (x, y)$ とするとき，$\partial u/\partial n$ は P を通る直線：$X = x + \alpha t, Y = y + \beta t$ に沿っての微係数（$t = 0$ における）に一致することを示せ（図1.6参照）．

Γ 上の固定点 P_0 から P までの曲線の長さを l とし，P の座標を $(x(l), y(l))$ とする．$x'(l) = \beta, y'(l) = -\alpha$ であるから

$$\frac{d}{dl}u(x(l), y(l)) = \beta u_x - \alpha u_y$$

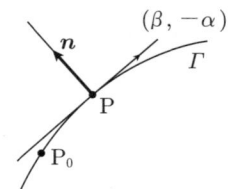

図 **1.6**

を得る．この値のことを P における u の**接線微分**といい，$\partial u/\partial l$ と書くことにする．

■**問 2** 法線微分 $\partial u/\partial n$，接線微分 $\partial u/\partial l$ を用いて u_x, u_y を書き表せ．

さて，方程式 (1) に対する**初期値問題**とは何か．それは初期曲線 Γ 上で

$$u = \psi_0(l), \quad \frac{\partial u}{\partial n} = \psi_1(l) \qquad (3)$$

なる**初期条件**（ψ_0, ψ_1 は Γ 上で定義された既知の関数である）をみたす方程式 (1) の解を求めることである．この問題をまた**コーシー**（Cauchy）**問題**ともいう．そして ψ_0, ψ_1 のことを**初期値**という．以下においては，まずコーシー問題 (1)-(3) を解くのに適した形に方程式 (1) を変形することを考えよう．仮定 (2) によって，$\varphi_y(x,y) \neq 0$ としても一般性を失わない．このとき

$$s = x, \quad t = \varphi(x, y) \qquad (4)$$

によって新しい変数 s, t を導入する（$\varphi_y = 0$ となっているときには $\varphi_x \neq 0$ であるから，(4) のかわりに $s = \varphi, t = y$ とすればよい）．$\varphi_y \neq 0$ であるから $t = \varphi(x,y)$ は y について解くことができることを注意しておこう．さて，この s, t を用いて方程式 (1) を書き直してみよう：

$$\begin{aligned}
u_x &= u_s + u_t \varphi_x, \qquad u_y = u_t \varphi_y, \\
u_{xx} &= u_{ss} + 2u_{st}\varphi_x + u_{tt}\varphi_x{}^2 + u_t \varphi_{xx}, \\
u_{xy} &= u_{st}\varphi_y + u_{tt}\varphi_x \varphi_y + u_t \varphi_{xy}, \\
u_{yy} &= u_{tt}\varphi_y{}^2 + u_t \varphi_{yy}
\end{aligned} \qquad (5)$$

であるから (1) は

$$A u_{ss} + 2B u_{st} + C u_{tt} + 2D u_s + 2E u_t + F u = H \qquad (6)$$

なる形になる．ここで係数はすべて s, t の，したがって x, y の関数であって，$A = a$, $B = a\varphi_x + b\varphi_y$ そして

$$C = a\varphi_x{}^2 + 2b\varphi_x \varphi_y + c\varphi_y{}^2$$

で与えられている．初期条件 (3) と (5) とから

1.4 初期値問題

$$\psi_1 = \frac{\partial u}{\partial n} = \alpha u_x + \beta u_y = \alpha u_s + \frac{\partial \varphi}{\partial n} u_t,$$
$$\psi_0' = \frac{\partial u}{\partial l} = \beta u_x - \alpha u_y = \beta u_s$$

となっていることに注意すれば，コーシー問題 (1)-(3) は $t=0$ において初期条件

$$u = \psi_0 (= \varphi_0(s)), \quad u_t = \left(\psi_1 - \frac{\alpha}{\beta} \psi_0' \right) \Big/ \frac{\partial \varphi}{\partial n} \, (= \varphi_1(s)) \qquad (7)$$

をみたす方程式 (6) の解を求めようということになる．このとき，u_{tt} の係数 C が零となるかならないかによって状況が著しく違ってくるので，φ に関する 1 階偏微分方程式

$$a(x,y){\varphi_x}^2 + 2b(x,y)\varphi_x \varphi_y + c(x,y){\varphi_y}^2 = 0 \qquad (8)$$

を方程式 (1) の**特性微分方程式**という．(2) をみたす曲線 $\Gamma : \varphi(x,y)=0$ の上で φ が (8) をみたしているとき，Γ は**特性的**であるという．したがって Γ のことを方程式 (1) の**特性線**という．α, β の代数方程式（x,y を固定して考えて）

$$a(x,y)\alpha^2 + 2b(x,y)\alpha\beta + c(x,y)\beta^2 = 0$$

を方程式 (1) の**特性方程式**という．α, β を，同時には零とならないその根とするとき，ベクトル (α, β) の方向を点 (x,y) における**特性方向**という．

■ **問 3** 曲線 Γ が特性的であれば，Γ 上の各点における法線方向はその点における特性方向であることを示せ．またその逆も正しいことを示せ．

例題 1.6 次の各方程式の特性微分方程式を求め，かつそれぞれについてその特性線をすべて求めよ．
 (i) $u_{xx} + u_{yy} = 0$ (ii) $u_{xx} - u_{yy} = 0$
 (iii) $u_{xx} - u_y = 0$ (iv) $u_{xy} = 0$

解 (i) 特性微分方程式は ${\varphi_x}^2 + {\varphi_y}^2 = 0$ である．よって $\varphi_x = 0, \varphi_y = 0$ となる．したがって特性線は存在しえない．

 (ii) 特性微分方程式は ${\varphi_x}^2 - {\varphi_y}^2 = 0$ である．φ_x と φ_y が同時に零となることはないのであるから，$\varphi_y \neq 0$ となっているはずである．よって曲線

$\varphi(x,y) = 0$ は y について解くことができる．それを $y = f(x)$ とする．曲線 $y = f(x)$ の上で $\varphi_x{}^2 - \varphi_y{}^2 = 0$ をみたすような $f(x)$ をみつければよい．恒等式 $\varphi(x, f(x)) = 0$ を x について微分して，$\varphi_x + \varphi_y \cdot f'(x) = 0$ を得る．したがって $0 = \varphi_x{}^2 - \varphi_y{}^2 = \varphi_y{}^2(f'(x)^2 - 1)$ となるから $f'(x) = \pm 1$ を得る．こうして特性線は $y = x +$ 定数，および $y = -x +$ 定数 なる直線以外にはないことがわかった．

(iii) $\varphi_x{}^2 = 0$ が特性微分方程式である．このときには $\varphi_y \neq 0$ となっているはずである．よって(ii)におけると同様にして，曲線 $y = f(x)$ の上で $\varphi_x{}^2 = 0$ をみたすような $f(x)$ をみつければよい．$0 = \varphi_x = -\varphi_y \cdot f'(x)$ であるから，$f'(x) = 0$ となり，したがって $y =$ 定数 なる直線，すなわち x 軸に平行な直線が特性的であることがわかる．

(iv) 特性微分方程式は $\varphi_x \varphi_y = 0$ である．$\varphi_y \neq 0$ ならば(ii)と同様にして，$0 = \varphi_x \varphi_y = -\varphi_y{}^2 f'(x)$ となり，したがって $f'(x) = 0$ を得る．こうして x 軸に平行な直線は特性的である．$\varphi_x \neq 0$ のときには y 軸に平行な直線が特性的である． (解終)

さて，前にもどってコーシー問題 (6)-(7) を考えよう．

(I) 初期曲線 $\varGamma : \varphi(x, y) = 0$ がいかなる所でも特性的でないとき，すなわち $\varGamma$ 上で $C \neq 0$ のときには，$\varGamma$ の近くでも $C \neq 0$ であるから (6) は

$$u_{tt} = \frac{1}{C(s,t)} \big[H(s,t) - \{ A(s,t) u_{ss} + 2B(s,t) u_{st} + 2D(s,t) u_s \\ + 2E(s,t) u_t + F(s,t) u \} \big] \qquad (9)$$

と書き直すことができる．この方程式と初期条件 (7) とから，$t = 0$ における u_{tt} の値は

$$u_{tt}(s, 0) \\ = \frac{1}{C(s,0)} \big[H(s,0) - \{ A(s,0) \varphi_0''(s) + 2B(s,0) \varphi_1'(s) + 2D(s,0) \varphi_0'(s) \\ + 2E(s,0) \varphi_1(s) + F(s,0) \varphi_0(s) \} \big] \qquad (10)$$

と決まる．次に (9) の右辺を t で微分して $t = 0$ とおけば，u_{ttt} の $t = 0$ における値が，(7) と (10) によって決まる．こうしてこの手続きをくりかえし行って，結局 u の t に関する n 階 ($n = 2, 3, \cdots$) の偏導関数 $u_t^{(n)}$ の $t = 0$ での値

1.4 初期値問題

$\varphi_n(s)$ が初期条件 (7) から自動的に決まるわけである．そしてテーラーの展開定理を用いれば，

$$u(s,t) = \sum_{n=0}^{\infty} \frac{1}{n!}\varphi_n(s)t^n \qquad (11)$$

が求めるべき解であろうと予測されよう．実際，初期値 $\varphi_0(s), \varphi_1(s)$ が s について解析的であり，方程式 (9) の係数および $H(s,t)/C(s,t)$ が s,t について解析的（初期曲線を定義する関数 $\varphi(x,y)$ と初期条件 (3) における初期値 ψ_0, ψ_1，および方程式 (1) の係数と $h(x,y)$ が解析的）ならばべき級数 (11) は収束して，その極限関数 $u(s,t)$ はコーシー問題 (6)-(7) の唯一の解析的な解となることが証明できるのである．この事実は**コーシー・コワレフスキー**（Cauchy–Kowalewsky）**の定理**としてよく知られている．ここで x,y の関数 $F(x,y)$ がある領域で**解析的**であることは，その各点 (x_0, y_0) の近傍で $x-x_0, y-y_0$ のべき級数

$$F(x,y) = \sum_{n=0}^{\infty} \sum_{m=0}^{\infty} a_{nm}(x-x_0)^n (y-y_0)^m \qquad (12)$$

に展開できることである．

それでは $\varphi_0, \varphi_1, H/C$ および方程式 (9) の係数が必ずしも解析的でない場合はどうか．この場合には方程式が楕円型か双曲型か放物型かによって著しい違いを示すのである．これらは次に続く各章でとりあげられるであろう．

(II) 初期曲線 $\Gamma: \varphi(x,y)=0$ が特性的であるとき，すなわちいたる所で $C=0$ のときには，(6) と (7) とから $\varphi_0(s)$ と $\varphi_1(s)$ が

$$A(s,0)\varphi_0'' + 2B(s,0)\varphi_1' + 2D(s,0)\varphi_0' + 2E(s,0)\varphi_1 + F(s,0)\varphi_0 = H(s,0) \qquad (13)$$

をみたしていなければならないことになる．すなわちコーシー問題 (6)-(7) が解をもつためには，初期値 φ_0, φ_1 の間に (13) なる関係式が成り立っていなければならないのである．しからば，初期値 φ_0, φ_1 が (13) をみたしているように与えられているとき，コーシー問題 (6)-(7) はいかに解けるであろうか．次に与える例題 1.9 と 1.10 においてその一端をみることができよう．

> **例題 1.7** $y=0$ において初期条件
> $$u(x,0) = x^3, \quad u_y(x,0) = 0$$
> をみたす方程式
> $$u_{xx} + u_{yy} = 0$$
> の解析的な解を求めよ.

解 $u(x,y)$ が求めるべき解だとする. $u(x,0) = x^3$ であるから
$$u_{yy}(x,0) = -u_{xx}(x,0) = -6x$$
となり, $u_y(x,0) = 0$ であるから,
$$u_{yyy}(x,0) = -u_{yxx}(x,0) = 0$$
である. 同様にして
$$u_y{}^{(4)}(x,0) = u_y{}^{(5)}(x,0) = \cdots = 0$$
を得る. よって級数 (11) は
$$u(x,y) = x^3 + \frac{1}{2!}(-6x)y^2 = x^3 - 3xy^2$$
となり, これは確かに求めるべき解である. (解終)

> **例題 1.8** $y=0$ において初期条件
> $$u(x,0) = e^x, \quad u_y(x,0) = 0$$
> をみたす方程式
> $$u_{xx} - u_{yy} = 0$$
> の解析的な解を求めよ.

解 $u(x,0) = e^x$ より
$$u_{yy}(x,0) = u_{xx}(x,0) = e^x$$

1.4 初期値問題

となり，$u_y(x,0) = 0$ より

$$u_{yyy}(x,0) = u_{yxx}(x,0) = 0$$

となる．同様にして $y = 0$ において

$$u_y{}^{(k)}(x,0) = \begin{cases} e^x & (k = 4, 6, \cdots) \\ 0 & (k = 5, 7, \cdots) \end{cases}$$

を得る．よって級数 (11) は

$$u(x,y) = e^x + e^x \frac{y^2}{2!} + e^x \frac{y^4}{4!} + \cdots = e^x \sum_{n=0}^{\infty} \frac{y^{2n}}{(2n)!}$$
$$= e^x \frac{e^y + e^{-y}}{2} = \frac{e^{x+y} + e^{x-y}}{2}$$

となり，これが求めるべき解であることは容易に確かめることができる．

(解終)

例題 1.9 （i） $y = 0$ の上で初期条件

$$u(x,0) = \varphi(x), \quad u_y(x,0) = \psi(x)$$

をみたす方程式

$$u_{xx} - u_y = 0 \tag{14}$$

の解があったとすれば，$\psi(x) = \varphi''(x)$ なる関係にあることを示せ．

（ii） $y = 0$ の上で初期条件

$$u(x,0) = \sin x$$

をみたす方程式 (14) の解析的な解を求めよ．

解 （i） $u_{xx}(x,0) = u_y(x,0)$ なることから，ただちに $\varphi''(x) = \psi(x)$ を得る．

（ii） $u(x,0) = \sin x$ より

$$u_y(x,0) = u_{xx}(x,0) = -\sin x,$$
$$u_{yy}(x,0) = u_x{}^{(4)}(x,0) = \sin x.$$

同様にして，一般に

$$u_y{}^{(k)}(x,0) = \begin{cases} -\sin x & (k \text{ が奇数}) \\ \sin x & (k \text{ が偶数}). \end{cases}$$

よって級数 (11) は

$$u(x,y) = \sum_{n=0}^{\infty}(-1)^n \sin x \cdot \frac{y^n}{n!} = \sin x \left(1 - y + \frac{y^2}{2!} - \frac{y^3}{3!} + \cdots\right)$$
$$= \sin x \cdot e^{-y}. \qquad\qquad\qquad\qquad\text{(解終)}$$

例題 1.10 （ⅰ） $y=0$ の上で初期条件

$$u(x,0) = \varphi(x), \quad u_y(x,0) = \psi(x)$$

をみたす方程式

$$u_{xy} = 0 \qquad\qquad (15)$$

の解があったとすれば，$\psi(x)$ は定数でなければならないことを示せ．
（ⅱ） $y=0$ の上で初期条件

$$u(x,0) = \varphi(x), \quad u_y(x,0) = c \quad (\text{定数})$$

をみたす方程式 (15) の解析的な解を求めよ．

解 （ⅰ） $u_y(x,0) = \psi(x)$ より $u_{xy}(x,0) = \psi'(x)$. よって $\psi'(x) = 0$ でなければならない，すなわち $\psi(x) = $ 定数 を得る．

（ⅱ） $u_{xyy}(x,y) = 0$ より $u_{yy}(x,0) = c_2$（定数）を得る．同様に

$$u_y{}^{(k)}(x,0) = c_k \; (\text{定数}), \quad (k = 2, 3, \cdots).$$

よって級数 (11) は

$$u(x,y) = \varphi(x) + cy + \frac{1}{2!}c_2 y^2 + \frac{1}{3!}c_3 y^3 + \cdots$$

となる．この右辺の級数が収束するように定数 $c_2, c_3, \cdots$ をとり，

$$f(y) = cy + \sum_{n=2}^{\infty} \frac{1}{n!} c_n y^n$$

とおけば，

$$u(x,y) = \varphi(x) + f(y)$$

が求めるべき解であることがわかる．しかしかかる $c_k\,(k=2,3,\cdots)$ のとり方は無数にある．それに応じて求めるべき解は無数にあることになる．（解終）

1.5　2階偏微分方程式の分類

2つの独立変数 x, y を含む定数係数の2階線形偏微分方程式

$$au_{xx} + 2bu_{xy} + cu_{yy} + 2du_x + 2eu_y + fu = h(x,y) \tag{1}$$

を考える．もちろん $a, b, \cdots, f$ はすべて定数であって，さらに a, b, c は同時には零とならないものとする．もしも $a < 0$ ならば方程式 (1) の両辺に -1 をかけることにすれば，初めから $a \geqq 0$ と仮定しても一般性を失わない．変数 x, y を変換することによって方程式 (1) はある簡単な標準形に帰着することを以下で示そう．

新しい変数 ξ, η を

$$\xi = \alpha x + \beta y, \quad \eta = \gamma x + \delta y \tag{2}$$

によって導入しよう．ただし $\alpha, \beta, \gamma, \delta$ は定数であって，$\alpha\delta - \beta\gamma \neq 0$ とする．合成関数の微分法（連鎖律）により

$$u_x = \alpha u_\xi + \gamma u_\eta, \qquad u_y + \beta u_\xi + \delta u_\eta,$$
$$u_{xx} = \alpha^2 u_{\xi\xi} + 2\alpha\gamma u_{\xi\eta} + \gamma^2 u_{\eta\eta}, \qquad u_{yy} = \beta^2 u_{\xi\xi} + 2\beta\delta u_{\xi\eta} + \delta^2 u_{\eta\eta},$$
$$u_{xy} = \alpha\beta u_{\xi\xi} + (\alpha\delta + \beta\gamma) u_{\xi\eta} + \gamma\delta u_{\eta\eta}$$

となることに注意すれば，方程式 (1) を

$$Au_{\xi\xi} + 2Bu_{\xi\eta} + Cu_{\eta\eta} + 2Du_\xi + 2Eu_\eta + Fu = H(\xi, \eta)$$

なる形に書き直すことができる．ここで

$$A = a\alpha^2 + 2b\alpha\beta + c\beta^2,$$
$$B = a\alpha\gamma + b(\alpha\delta + \beta\gamma) + c\beta\delta$$
$$C = a\gamma^2 + 2b\gamma\delta + c\delta^2$$
$$D = d\alpha + e\beta,$$
$$E = d\gamma + e\delta$$

となることは容易にわかる．これを行列を使って書き表せば

$$\begin{bmatrix} A & B \\ B & C \end{bmatrix} = \begin{bmatrix} \alpha & \beta \\ \gamma & \delta \end{bmatrix} \begin{bmatrix} a & b \\ b & c \end{bmatrix} \begin{bmatrix} \alpha & \gamma \\ \beta & \delta \end{bmatrix} \qquad (3)$$

となる．この右辺の真中の行列 M の固有値，すなわち

$$\begin{vmatrix} a-\lambda & b \\ b & c-\lambda \end{vmatrix} = \lambda^2 - (a+c)\lambda + ac - b^2 = 0$$

の 2 つの根（共に実数であることは明らか）を $\lambda_1, \lambda_2 (\lambda_1 \geqq \lambda_2)$ とすれば，適当に直交行列 S を選ぶことによって

$$SM{}^tS = \begin{bmatrix} \lambda_1 & 0 \\ 0 & \lambda_2 \end{bmatrix} \qquad ({}^tS \text{ は } S \text{ の転置行列を表す}) \qquad (4)$$

とすることができる．これらの事実は行列に関する本にゆずって先に進もう．変換 (2) の係数をこの S を用いて

$$\begin{bmatrix} \alpha & \beta \\ \gamma & \delta \end{bmatrix} = S$$

によって決めるならば，(3) と (4) から $A = \lambda_1$, $B = 0$, $C = \lambda_2$ となることがわかる．すなわち方程式 (1) は

$$\lambda_1 u_{\xi\xi} + \lambda_2 u_{\eta\eta} + 2D_0 u_\xi + 2E_0 u_\eta + F_0 u = H_0(\xi, \eta) \qquad (5)$$

となる．

（I） $ac - b^2 > 0$ の場合．$ac > b^2$ かつ $a \geqq 0$ であるから $a > 0$ かつ $c > 0$ を得る．よって $\lambda_1 \geqq \lambda_2 > 0$ となる．独立変数 ξ, η をさらに

$$X = \xi/\sqrt{\lambda_1}, \quad Y = \eta/\sqrt{\lambda_2}$$

によって X, Y に変換することによって，方程式 (5) は

1.5 2階偏微分方程式の分類

$$u_{XX} + u_{YY} + 2Du_X + 2Eu_Y + Fu = H(X,Y) \qquad (6)$$

となる．この場合，2次曲線

$$ax^2 + 2bxy + cy^2 = 1 \qquad (7)$$

は楕円を表しているので，方程式 (1) は**楕円型**であるという．

(II) $ac - b^2 < 0$ の場合．明らかに $\lambda_1 > 0 > \lambda_2$ となる．

$$X = \xi/\sqrt{\lambda_1}, \quad Y = \eta/\sqrt{-\lambda_2}$$

によって方程式 (5) は

$$u_{XX} - u_{YY} + 2Du_X + 2Eu_Y + Fu = H(X,Y) \qquad (8)$$

となる．この場合 2 次曲線 (7) は双曲線を表しているので，方程式 (1) は**双曲型**であるという．

(III) $ac - b^2 = 0$ の場合．$a \geqq 0$ より $c \geqq 0$ となり，$a + c > 0$ を得る．$a + c = 0$ ならば $a = c = b = 0$ となってしまうから．よって $\lambda_1 = a + c > 0$, $\lambda_2 = 0$ となる．よって (5) は

$$\lambda_1 u_{\xi\xi} + 2D_0 u_\xi + 2E_0 u_\eta + F_0 u = H_0(\xi,\eta) \qquad (9)$$

となる．ここでさらに 2 つの場合にわけて考えよう．

(A) $E_0(= d\gamma + e\delta) \neq 0$ のとき

$$X = \xi/\sqrt{\lambda_1}, \quad Y = -\eta/2E_0$$

によって (9) は

$$u_{XX} + 2Du_X - u_Y + Fu = H(X,Y) \qquad (10)$$

となる．この場合 2 次曲線 (7) は放物線を表しているので，方程式 (1) は**放物型**であるという．

(B) $E_0 = 0$ のとき

$$X = \xi/\sqrt{\lambda_1}, \quad Y = \eta$$

によって (9) は

$$u_{XX} + 2Du_X + Fu = H(X,Y) \qquad (11)$$

となる.

こうして方程式 (1) は独立変数 x, y の適当な正則 1 次変換によって (6), (8), (10) および (11) のうちのいずれかの型に帰着することがわかった. さらに新しい従属変数 v を導入することによってこれらは一層簡単な型になることがわかる. すなわち

$$u = e^{-DX-EY} v \tag{12}$$

によって v を導入すれば, (6) は

$$v_{XX} + v_{YY} + kv = g(X, Y) \tag{6'}$$

となり,

$$u = e^{-DX+EY} v \tag{13}$$

とすれば, (8) は

$$v_{XX} - v_{YY} + kv = g(X, Y) \tag{8'}$$

となり,

$$u = e^{-DX+(F-D^2)Y} v \tag{14}$$

とすれば, (10) は

$$v_{XX} - v_Y = g(X, Y) \tag{10'}$$

となり, そして最後に

$$u = e^{-DX} v \tag{15}$$

とすれば, (11) は

$$v_{XX} + kv = g(X, Y) \tag{11'}$$

となる. ここで k はそれぞれ適当な定数である. こうして得た方程式 (6'), (8'), (10') および (11') を方程式 (1) の**標準形**という.

以上をまとめれば, 次の定理を得る.

定理 1.2 定数係数の 2 階線形偏微分方程式

$$au_{xx} + 2bu_{xy} + cu_{yy} + 2du_x + 2eu_y + fu = h(x, y) \tag{1}$$

1.5　2階偏微分方程式の分類

を考える．ここで a, b, c は同時には零にならない定数とする．このとき適当な正則1次変換

$$X = \alpha x + \beta y, \quad Y = \gamma x + \delta y \quad (\alpha\delta - \beta\gamma \neq 0)$$

とそれに続く適当な従属変数の変換

$$u = \varphi(X, Y)v$$

によって方程式 (1) は

（I）　$ac - b^2 > 0$, すなわち楕円型のときには

$$v_{XX} + v_{YY} + kv = g \tag{6'}$$

（II）　$ac - b^2 < 0$, すなわち双曲型のときには

$$v_{XX} - v_{YY} + kv = g \tag{8'}$$

（III）　$ac - b^2 = 0$ のときには，さらに

　（A）　$be - cd \neq 0$ ($b^2 + c^2 \neq 0$ のとき) または $e \neq 0$ ($b = c = 0$ のとき)，すなわち放物型のときには

$$v_{XX} - v_Y = g \tag{10'}$$

　（B）　放物型でないときには

$$v_{XX} + kv = g \tag{11'}$$

なる標準形に帰着する．ここで k はそれぞれ適当な定数である．

証明　(III) の場合だけを示せばよい．この場合には直交行列 S として

$$S = \frac{1}{\sqrt{b^2 + c^2}} \begin{bmatrix} b & c \\ -c & b \end{bmatrix} (b^2 + c^2 \neq 0), \quad S = \begin{bmatrix} 1 & 0 \\ 0 & 1 \end{bmatrix} (b = c = 0) \tag{16}$$

ととれば (4) をみたしていることがわかる．したがって $b^2 + c^2 \neq 0$ のときには $\gamma = -c/\sqrt{b^2 + c^2}$, $\delta = b/\sqrt{b^2 + c^2}$ となり，方程式 (9) において

$$E_0 = d\gamma + e\delta = (be - cd)/\sqrt{b^2 + c^2}$$

となっている．同様に $b = c = 0$ のときには $\gamma = 0$, $\delta = 1$ となり，

$$E_0 = e$$

となっている．(A) の場合には $E_0 \neq 0$ となる．よって方程式 (9) は (10) に，したがって (10′) なる形に変換される．(B) の場合には $E_0 = 0$ となり，(9) は (11) に，したがって (11′) に変換される． (証明終)

■**問 1** 方程式 (6), (8), (10) および (11) は変換 (12), (13), (14) および (15) によってそれぞれ (6′), (8′), (10′) および (11′) に変形されることを示せ．

■**問 2** $ac - b^2 = 0$ の場合には S として (16) によって決まる行列をとれば，それは直交行列 ($^tS = S^{-1}$) であって，(4) をみたしていることを示せ．

例題 1.11 次の方程式はそれぞれ何型か．
（ i ） $u_{xx} + u_{xy} + 4u_{yy} + u_x = 0$
（ ii ） $4u_{xx} - 6u_{xy} + u_{yy} + 2u = 0$
（iii） $u_{xx} - 2u_{xy} + u_{yy} - 2u_x + 4u_y - u = 0$

解 （ i ） $a = 1$, $b = 1/2$, $c = 4$ であるから，$ac - b^2 = 1 \cdot 4 - (1/2)^2 > 0$. よって楕円型である．

（ ii ） $a = 4$, $b = -3$, $c = 1$ であるから，$ac - b^2 = 4 \cdot 1 - (-3)^2 < 0$. よって双曲型である

（iii） $a = 1$, $b = -1$, $c = 1$ である．よって $ac - b^2 = 1 \cdot 1 - (-1)^2 = 0$. $d = -1$, $e = 2$ であるから，$be - cd = -1 \cdot 2 - 1 \cdot (-1) = -1 \neq 0$. よって放物型である． (解終)

■**問 3** 方程式 $u_{xx} - u_{yy} = f(x, y)$ は変換

$$X = x + y, \qquad Y = x - y$$

によって

$$u_{XY} = \frac{1}{4} f\left(\frac{X+Y}{2}, \frac{X-Y}{2}\right)$$

となることを示せ．

1.6 積分公式

1変数の関数 $f(x)$ に関する積分公式は，いわゆる微積分の基本公式

$$\int_a^b f'(x)dx = f(b) - f(a)$$

としてよく知られている．多変数の関数に対して，これに対応するものとしてはガウスの公式，グリーンの公式そしてストークスの公式がある．

有限個の閉曲面 S で囲まれた領域を以下では D と書くことにする．D 上の各点 P にベクトル $\boldsymbol{u}(\mathrm{P})$ が対応しているとき，$\boldsymbol{u}(\mathrm{P})$ のことを**ベクトル関数**という．1つのデカルト座標系（原点が O，基本直交ベクトル系が $\boldsymbol{i}, \boldsymbol{j}, \boldsymbol{k}$）によって

$$\overrightarrow{\mathrm{OP}} = x\boldsymbol{i} + y\boldsymbol{j} + z\boldsymbol{k} \quad (\text{簡単に P} = (x, y, z) \text{ とも書く}),$$

$$\boldsymbol{u} = u_1\boldsymbol{i} + u_2\boldsymbol{j} + u_3\boldsymbol{k} \quad (\text{簡単に } \boldsymbol{u} = (u_1, u_2, u_3) \text{ とも書く})$$

と書ける．

スカラー関数 $f(\mathrm{P}) = f(x, y, z)$ に対して

$$\mathrm{grad}\, f = f_x \boldsymbol{i} + f_y \boldsymbol{j} + f_z \boldsymbol{k}$$

で決まるベクトル関数を f の**勾配**（**gradient**）という．微分演算子

$$\nabla = \frac{\partial}{\partial x}\boldsymbol{i} + \frac{\partial}{\partial y}\boldsymbol{j} + \frac{\partial}{\partial z}\boldsymbol{k} \quad (\nabla \text{ はナブラと読む})$$

を導入して，$\mathrm{grad}\, f = \nabla f$ と書くこともできる．スカラー関数

$$\mathrm{div}\, \boldsymbol{u} = \frac{\partial u_1}{\partial x} + \frac{\partial u_2}{\partial y} + \frac{\partial u_3}{\partial z}$$

のことを $\boldsymbol{u}$ の**発散**（**divergence**）といい，∇ と $\boldsymbol{u}$ の内積 $\nabla \cdot \boldsymbol{u}$ である．ベクトル関数

$$\mathrm{rot}\, \boldsymbol{u} = \left(\frac{\partial u_3}{\partial y} - \frac{\partial u_2}{\partial z}\right)\boldsymbol{i} + \left(\frac{\partial u_1}{\partial z} - \frac{\partial u_3}{\partial x}\right)\boldsymbol{j} + \left(\frac{\partial u_2}{\partial x} - \frac{\partial u_1}{\partial y}\right)\boldsymbol{k}$$

のことを $\boldsymbol{u}$ の**回転**（**rotation**）といい，∇ と $\boldsymbol{u}$ の外積 $\nabla \times \boldsymbol{u}$ である．これを $\mathrm{curl}\, \boldsymbol{u}$ とも書く．

S 上の各点 P での外向き単位法線ベクトルを $\boldsymbol{n}$ とする（点 P における接平

面に直交するベクトル). n と i, j, k とのなす角をそれぞれ θ_1, θ_2, θ_3 とすると,

$$n = \alpha i + \beta j + \gamma k \quad (\alpha = \cos\theta_1,\ \beta = \cos\theta_2,\ \gamma = \cos\theta_3)$$

と書ける.

定理 1.3（ガウスの発散定理） 有限個の閉曲面 S で囲まれた領域 D で連続的微分可能なベクトル関数 u に対して，ガウス（Gauss）の公式

$$\iiint_D \operatorname{div} u \, dx\, dy\, dz = \iint_S u \cdot n \, dS \tag{1}$$

が成り立つ．ただし，$u \cdot n = \alpha u_1 + \beta u_2 + \gamma u_3$ であり，dS は面素である．なお，公式 (1) は

$$\iiint_D \left(\frac{\partial u_1}{\partial x} + \frac{\partial u_2}{\partial y} + \frac{\partial u_3}{\partial z} \right) dx\, dy\, dz$$
$$= \iint_S u_1 \, dy\, dz + u_2 \, dz\, dx + u_3 \, dx\, dy \tag{1'}$$

と書くこともある．

証明 下の図 1.7 に示した特別な領域 D について，(1) を証明しておこう．領域 D の (x,y) 平面への正射影を B とし，B を底面とする直筒面と S との交わりを L とするとき，L より下にある S の部分を S_1 とし，それより上にある部分を S_2 とする．B 上の点 (x,y) を通る z 軸に平行な直線 l と S_1, S_2 との交点の z 座標をそれぞれ z_1, z_2 とする．

S_1 上では $\gamma < 0$ であるから

$$\gamma dS = \begin{cases} -dxdy & (S_1 \text{上}) \\ dxdy & (S_2 \text{上}) \end{cases}$$

となることより,

$$\iiint_D \frac{\partial u_3}{\partial z} dx\, dy\, dz = \iint_B \{u_3(x,y,z_2) - u_3(x,y,z_1)\} dx\, dy$$
$$= \iint_{S_1} \gamma u_3 \, dS + \iint_{S_2} \gamma u_3 \, dS = \iint_S \gamma u_3 \, dS = \iint_S u_3 \, dx\, dy$$

を得る．同様にして

1.6 積分公式

$$\iiint_D \frac{\partial u_1}{\partial x} dx\, dy\, dz = \iint_S \alpha u_1\, dS = \iint_S u_1\, dy\, dz,$$
$$\iiint_D \frac{\partial u_2}{\partial y} dx\, dy\, dz = \iint_S \beta u_2\, dS = \iint_S u_2\, dz\, dx$$

となり，(1) および $(1')$ が示された． (証明終)

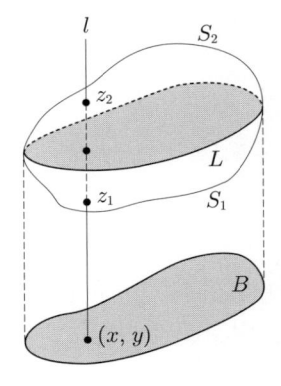

図 1.7

有限個の閉曲線 C で囲まれた 2 次元領域を B とする．底面が B で高さが 1 となる直筒を D とする．D の各点で定義された，z には関係しないベクトル関数 $\boldsymbol{u}(x,y) = u_1\boldsymbol{i} + u_2\boldsymbol{j}$ に対して，定理 1.3 を適用する．D の上面と底面ではそれぞれ $\boldsymbol{n} = (0,0,1)$ および $(0,0,-1)$ であるから $\boldsymbol{u}\cdot\boldsymbol{n} = 0$ である．D の側面では $\boldsymbol{n} = (\alpha, \beta, 0)$ であって，これは z には無関係である．よって，**平面におけるガウスの公式**は

$$\iint_B \operatorname{div} \boldsymbol{u}\, dxdy = \int_C (\alpha u_1 + \beta u_2) ds \tag{2}$$

となる．ただし ds はその線素である．さらに，C に正の向き（B の内部を左手にみるような向き）をつければ，C 上の単位接線ベクトルは $-\beta\boldsymbol{i} + \alpha\boldsymbol{j}$ となる．よって，$dx = -\beta ds$，$dy = \alpha ds$ となり，

$$\int_C (\alpha u_1 + \beta u_2) ds = \int_C u_1 dy - u_2 dx$$

を得る．よって公式 (2) は

$$\iint_B \left(\frac{\partial u_1}{\partial x} + \frac{\partial u_2}{\partial y} \right) dxdy = \int_C u_1 dy - u_2 dx \tag{$2'$}$$

とも書ける．特に $\boldsymbol{u} = g(x,y)\boldsymbol{i} - f(x,y)\boldsymbol{j}$ に対しては次の公式が成り立つ．

$$\iint_B (g_x - f_y) dxdy = \int_C fdx + gdy. \tag{2''}$$

> **定理 1.4** 有限個の閉曲面 S で囲まれた領域 D において 2 階連続的微分可能な関数 f と g に対して，次のグリーン（**Green**）の公式が成り立つ．
> 第 1 公式：
> $$\iiint_D (f\Delta g + \nabla f \cdot \nabla g) dxdydz = \iint_S f \frac{\partial g}{\partial n} dS \tag{3}$$
> 第 2 公式：
> $$\iiint_D (f\Delta g - g\Delta f) dxdydz = \iint_S \left(f \frac{\partial g}{\partial n} - g \frac{\partial f}{\partial n} \right) dS \tag{3'}$$
> ただし，Δ はラプラス作用素，$\partial f/\partial n$ は法線微分であって，それぞれ
> $$\Delta f = \nabla^2 f = f_{xx} + f_{yy} + f_{zz},$$
> $$\frac{\partial f}{\partial n} = \boldsymbol{n} \cdot \nabla f = \alpha f_x + \beta f_y + \gamma f_z$$
> によって与えられる．

証明 ベクトル関数 $\boldsymbol{u} = f\nabla g$ をガウスの公式 (1) に代入する．

$$\operatorname{div} \boldsymbol{u} = \operatorname{div}(f\nabla g) = f\Delta g + \nabla f \cdot \nabla g,$$

$$\boldsymbol{u} \cdot \boldsymbol{n} = \boldsymbol{n} \cdot (f\nabla g) = f(\boldsymbol{n} \cdot \nabla g) = f \frac{\partial g}{\partial n}$$

により，(3) を得る．(3) において f と g を入れ換えることによって出来る公式を (3) から引いて，(3') を得る． （証明終）

閉曲線 C を境界にもつ曲面 S を考える．S の 1 つの側を表と決める．S 上の各点から出て，表側に向いている単位法線ベクトルを $\boldsymbol{n}$ とする．この法線ベクトルが C 上に正の向きを誘導するものとする．C 上の点 A における接線ベクトルを $\boldsymbol{t}$ で表す（図 1.8）．このとき次の定理が成り立つ．

1.6 積分公式

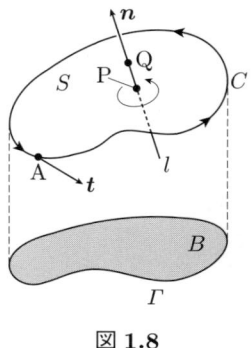

図 1.8

> **定理 1.5** 閉曲線 C を境界に持つ曲面 S の近くで連続的微分可能なベクトル関数 u に対して, ストークス (**Stokes**) の公式
> $$\iint_S (\mathrm{rot}\, u) \cdot n\, dS = \int_C u \cdot t\, ds \tag{4}$$
> が成り立つ. ただし, ds は C の線素である.

証明 図 1.8 に示された曲面 S に対して証明しておこう. 曲面 S の (x, y) 平面への射影を B, C のそれを Γ とする (図 1.8 参照). 曲面 S が $z = \varphi(x, y)$ によって表されているとする. S 上の単位法線ベクトルは

$$n = \gamma(-\varphi_x i - \varphi_y j + k), \quad \gamma = \frac{1}{\sqrt{1 + \varphi_x{}^2 + \varphi_y{}^2}}$$

で与えられる. $\gamma dS = dxdy$ であるから

(4) の左辺
$$= \iint_B \left\{ -\varphi_x \left(\frac{\partial u_3}{\partial y} - \frac{\partial u_2}{\partial z} \right) - \varphi_y \left(\frac{\partial u_1}{\partial z} - \frac{\partial u_3}{\partial x} \right) + \left(\frac{\partial u_2}{\partial x} - \frac{\partial u_1}{\partial y} \right) \right\} dxdy$$
$$= \iint_B \left\{ -\left(\frac{\partial u_1}{\partial z} \varphi_y + \frac{\partial u_1}{\partial y} \right) + \left(\frac{\partial u_2}{\partial z} \varphi_x + \frac{\partial u_2}{\partial x} \right) \right.$$
$$\left. + \left(\frac{\partial u_3}{\partial x} \varphi_y - \frac{\partial u_3}{\partial y} \varphi_x \right) \right\} dxdy.$$

ところが連鎖律により

$$\frac{\partial}{\partial y}u_1(x,y,\varphi(x,y)) = \frac{\partial u_1}{\partial z}\varphi_y + \frac{\partial u_1}{\partial y},$$

$$\frac{\partial}{\partial x}u_2(x,y,\varphi(x,y)) = \frac{\partial u_2}{\partial z}\varphi_x + \frac{\partial u_2}{\partial x},$$

$$\frac{\partial}{\partial x}\{u_3(x,y,\varphi(x,y))\varphi_y\} - \frac{\partial}{\partial y}\{u_3(x,y,\varphi(x,y))\varphi_x\} = \frac{\partial u_3}{\partial x}\varphi_y - \frac{\partial u_3}{\partial y}\varphi_x.$$

したがって $(2'')$ が適用できて

$$\begin{aligned}
(4) \text{の左辺} &= \iint_B \left\{\frac{\partial}{\partial x}(u_2 + u_3\varphi_y) - \frac{\partial}{\partial y}(u_1 + u_3\varphi_x)\right\}dxdy \\
&= \int_{\Gamma}(u_2 + u_3\varphi_y)dy + (u_1 + u_3\varphi_x)dx \\
&= \int_{\Gamma}u_1 dx + u_2 dy + u_3(\varphi_x dx + \varphi_y dy) \\
&= \int_{C}u_1 dx + u_2 dy + u_3 dz.
\end{aligned}$$

よって (4) が結論できる（下の問 1 参照）． (証明終)

■**問 1** 曲線 C を $\boldsymbol{r} = x(s)\boldsymbol{i} + y(s)\boldsymbol{j} + z(s)\boldsymbol{k}$ の形に書くと，$\boldsymbol{t} = d\boldsymbol{r}/ds$ となる．このことから

$$\boldsymbol{u} \cdot \boldsymbol{t}\, ds = u_1 dx + u_2 dy + u_3 dz$$

となることを確かめよ．

■**問 2** 曲面 S 上の点 P を通る法線を l とする（図 1.8）．f は S の近くで連続的微分可能な関数とする．P の近くにある l 上の動点を Q とする．このとき，

$$\lim_{Q \to P}\frac{f(Q) - f(P)}{|Q - P|} = \frac{\partial f}{\partial n}$$

となることを証明せよ．ただし $|Q - P|$ は点 P と Q の間の距離である．

例題 1.12 任意のスカラー関数 f とベクトル関数 $\boldsymbol{u}$ に対して次式の成り立つことを示せ．
(i) $\mathrm{rot\,grad\,}f = \boldsymbol{0}$ (ii) $\mathrm{div\,rot\,}\boldsymbol{u} = 0$ (iii) $\mathrm{div\,grad\,}f = \Delta f$

解 (i) ベクトル $\boldsymbol{a}$ に対して $\boldsymbol{a} \times \boldsymbol{a} = \boldsymbol{0}$ であるから

$$\mathrm{rot\,grad\,}f = \nabla \times (\nabla f) = (\nabla \times \nabla)f = \boldsymbol{0}.$$

(ⅱ) 3つのベクトル a, b, c のスカラー3重積 $a\cdot(b\times c)$ について

$$a\cdot(b\times c) = b\cdot(c\times a) = c\cdot(a\times b)$$

が成り立つので

$$\operatorname{div}\operatorname{rot} u = \nabla\cdot(\nabla\times u) = u\cdot(\nabla\times\nabla) = (\nabla\times\nabla)\cdot u = 0.$$

(ⅲ) $\nabla^2 = \nabla\cdot\nabla = \Delta$(ラプラス作用素)であるから

$$\operatorname{div}\operatorname{grad} f = \nabla\cdot\nabla f = (\nabla\cdot\nabla)f = \Delta f. \qquad\text{(解終)}$$

例題 1.13 単連結領域 D(D 内の任意の閉曲線が D 内で連続的に縮んで D 内の任意の1点に収束できること)で連続的微分可能なベクトル関数 u が D において,$\operatorname{rot} u = \mathbf{0}$ をみたしているならば,あるスカラー関数 f を用いて $u = \operatorname{grad} f$ と書くことができる.

解 D 内の1点 O を固定する.D の任意の点 P$=(x,y,z)$ と O を D 内の2つの曲線 C_1 と C_2 で結ぶ.C_1 と反対の向きをもつ曲線を $\bar{C}_1$ とする(図 1.9 参照).$\bar{C}_1$ と C_2 で出来る閉曲線を C とする.D が単連結であるから C を境界とする曲面 S が D 内に作れる.この S と C に対してストークスの公式 (4) を適用して,

$$\int_{\bar{C}_1} u\cdot t\,ds + \int_{C_2} u\cdot t\,ds = 0$$

を得る.よって

$$\int_{C_1} u\cdot t\,ds = -\int_{\bar{C}_1} u\cdot t\,ds = \int_{C_2} u\cdot t\,ds.$$

したがって,O から P へ至るどんな経路を選んでもこの積分の値は同じであることがわかる.よってこの積分の値は P だけの関数として

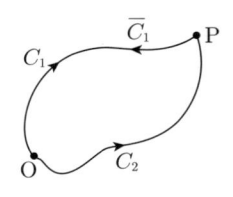

図 1.9

と書ける．この f に対して $\bm{u} = \nabla f$ は明らかである．何故ならば，$\mathrm{P} = (x, y, z)$ に対して $\mathrm{Q} = (x+h, y, z)$ とすると

$$f(x,y,z) = \int_\mathrm{O}^\mathrm{P} u_1 dx + u_2 dy + u_3 dz$$

$$f(x+h,y,z) - f(x,y,z) = \int_\mathrm{O}^\mathrm{Q} \bm{u}\cdot\bm{t}ds - \int_\mathrm{O}^\mathrm{P} \bm{u}\cdot\bm{t}ds = \int_\mathrm{P}^\mathrm{Q} \bm{u}\cdot\bm{t}ds = \int_x^{x+h} u_1 dx.$$

よって $\partial f/\partial x = u_1$ を得る．同様に $\partial f/\partial y = u_2$，$\partial f/\partial z = u_3$ となる．

(解終)

> **例題 1.14** 空間のいたる所で定義されたベクトル関数 $\bm{v}$ が $\mathrm{div}\,\bm{v} = 0$ をみたしているならば，$\bm{v} = \mathrm{rot}\,\bm{u}$ とかけるベクトル関数 $\bm{u}$ をみつけることができることを示せ．

解 $\bm{v} = v_1\bm{i} + v_2\bm{j} + v_3\bm{k}$ とし，未知のベクトル関数 $\bm{u}$ を $\bm{u} = u_1\bm{i} + u_2\bm{j}\,(u_3 = 0)$ とおく．

$$v_1 = -\frac{\partial u_2}{\partial z}, \quad v_2 = \frac{\partial u_1}{\partial z}, \quad v_3 = \frac{\partial u_2}{\partial x} - \frac{\partial u_1}{\partial y}$$

なるように 2 つの関数 u_1, u_2 を決めればよい．

$$u_1(x,y,z) = \int_0^z v_2(x,y,t)dt,$$
$$u_2(x,y,z) = -\int_0^z v_1(x,y,t)dt + \int_0^x v_3(t,y,0)dt$$

によって u_1, u_2 を定めれば

$$\frac{\partial u_1}{\partial z} = v_2, \quad \frac{\partial u_2}{\partial z} = -v_1.$$

そして

$$\frac{\partial v_1}{\partial x} + \frac{\partial v_2}{\partial y} + \frac{\partial v_3}{\partial z} = 0$$

であるから

$$-\frac{\partial u_2}{\partial z} = v_1, \quad \frac{\partial u_1}{\partial z} = v_2,$$

$$\frac{\partial u_2}{\partial x} - \frac{\partial u_1}{\partial y} = v_3(x,y,0) - \int_0^z \left(\frac{\partial v_1}{\partial x} + \frac{\partial v_2}{\partial y}\right) dt$$

$$= v_3(x,y,0) + \int_0^z \frac{\partial v_3}{\partial t}(x,y,t)dt = v_3(x,y,z). \quad \text{(解終)}$$

例題 1.15 有限個の閉曲面で囲まれた領域 D において 2 回連続的微分可能な関数 f が

$$\Delta f = \frac{\partial^2 f}{\partial x^2} + \frac{\partial^2 f}{\partial y^2} + \frac{\partial^2 f}{\partial z^2} = 0$$

をみたし, D の境界 S 上では $f = 0$ をみたしているとする. このとき, f は D において恒等的に零になることを示せ.

解 $g = f$ に対してグリーンの第1公式 (3) を使うと

$$\iiint_D |\nabla f|^2 dx dy dz = 0$$

を得る. したがって $f_x = f_y = f_z = 0$ となり $f =$ 一定 となる. ところが S 上では $f = 0$ であるから, D において $f = 0$ となる. (解終)

演 習 問 題

1 $u = r^{-1} (r = (x^2+y^2+z^2)^{1/2})$ は $r \neq 0$ となるところでポテンシャル方程式 (1.1 節の例 10) の解となることを示せ.

2 $f(s), g(s)$ は $-\infty < s < \infty$ において 2 回連続的微分可能な関数とする. そして k_1, k_2, k_3, ω は定数で, $\omega > 0$ とするとき, x, y, z, t の関数

$$u = f(\boldsymbol{k} \cdot \boldsymbol{r} - \omega t) + g(\boldsymbol{k} \cdot \boldsymbol{r} + \omega t) \quad (\boldsymbol{k} \cdot \boldsymbol{r} = k_1 x + k_2 y + k_3 z)$$

が波動方程式 (1.1 節の例 11) の解であるためには $\boldsymbol{k}$ と ω はどんな関係になければならないか.

3 $t > 0$ において

$$K(x,y) = \frac{1}{\sqrt{4\pi kt}} e^{-\frac{x^2}{4kt}}$$

とおくとき, $u = K(x,t)K(y,t)K(z,t)$ は $t > 0$ において熱方程式 (1.1 節の例 12) の解となることを示せ.

4 u, v がコーシー・リーマンの方程式 (1.1 節の例 3) をみたしておれば, それらは共に 2 次元のポテンシャル方程式の解となることを示せ.

5 直線 $x = s, y = 0$ 上で初期値 $u_0(s)$ をとるような次の方程式の解を求めよ.

（ⅰ）　$4u_x + u_y = 1$　　　　（ⅱ）　$2u_x + u_y + u = 0$
（ⅲ）　$u_y = xy$　　　　　　 （ⅳ）　$u_x - u_y - u = e^x$

6 次の方程式をそれぞれ括弧内に示した初期条件のもとで解け．
（ⅰ）　$xu_x + yu_y = u$　　　$(x = s, y = 1, u = u_0(s))$
（ⅱ）　$xu_x + yu_y = 0$　　　((ⅰ) と同じ)
（ⅲ）　$yu_x - xu_y = 0$　　　$(x = s, y = 0, u = u_0(s^2))$
（ⅳ）　$uu_x - uu_y = y - x$　　$(x = s, y = s, u_0 = s, s > 0)$

7 前問の各方程式の一般解を求めよ．

8 方程式 $u_x + 2u_y = x + y$ について次に答えよ．
（ⅰ）　直線 $x = 0, y = s$ 上で初期値 $u_0(s)$ をとるような解を求めよ．
（ⅱ）　原点 $x = 0, y = 0, u = 0$ を通る方程式 (12)（1.2 節）の解曲線を求めよ．
（ⅲ）　（ⅱ）で求めた解曲線を初期条件とするような解は無数にあることを示せ．
　　　［ヒント．（ⅰ）においてたとえば $u_0(s) = s^k (k = 1, 2, \cdots)$ なる初期値をとって考えよ．］

9 1.2 節の (1) で与えられる方程式，すなわち
$$au_x + bu_y = cu + f(x, y)$$
は変数の変換
$$\xi = ax + by, \qquad \eta = -bx + ay$$
によって
$$u_\xi = ku + H(\xi, \eta) \qquad (k = c/(a^2 + b^2))$$
なる標準形になることを示せ．

10（ⅰ）　前問で求めた標準形の解は一般に
$$u(\xi, \eta) = e^{k\xi}\left(\int_0^\xi e^{-kt} H(t, \eta)dt + F(\eta)\right)$$
で与えられることを示せ．ただし $F(\eta)$ は η の任意の関数である．
（ⅱ）　上に求めた一般解 $u(\xi, \eta)$ を用いて問題 5 を解け．

11 初期曲線 Γ が y 軸，すなわち $x_0(s) = 0, y_0(s) = s$ で与えられているとき，次の非線形方程式に対するコーシー問題を解け（β は定数）．
（ⅰ）　${u_x}^2 + {u_y}^2 - 1 = 0$,　　$u = s$　　$(\Gamma \text{上で})$
（ⅱ）　${u_x}^2 - u_y - 1 = 0$,　　　$u = \beta s$　$(\Gamma \text{上で})$
（ⅲ）　${u_x}^2 - {u_y}^2 + 1 = 0$,　　$u = \beta s$　$(\Gamma \text{上で})$

演習問題　　　　　　　　　　　　　　　　　　　　　　　　　　43

　　（iv）　$u_x u_y - 1 = 0,$　　　　　$u = \beta s$　　（Γ 上で）

12　1.4 節における方程式 (1) について次のことを示せ．
　（i）　いたる所で $ac - b^2 > 0$ のときにはどんな特性線も存在しない．
　（ii）　いたる所で $ac - b^2 < 0$ のときには，常微分方程式
$$\frac{dy}{dx} = \frac{b \pm \sqrt{b^2 - ac}}{a}$$
の解 $y(x)$ によって決まる曲線 $y = y(x)$ は特性線となっている．

13　1.4 節における方程式 (1) の係数 a, b, c が定数のときには，その特性線はすべて直線であることを示し，かつその直線の法線方向は特性方向に一致することを示せ．

14　次の方程式はそれぞれ何型か，またその特性線を求めよ．
　（i）　$u_{xx} + 4u_{yy} + u_y = 0$　　　　（ii）　$4u_{xx} - u_{xy} + u_{yy} + 3u = 0$
　（iii）　$u_{xy} = 0$　　　　　　　　　　　（iv）　$u_{xx} + 2u_{xy} + u_{yy} = 0$
　（v）　$u_{xx} - 2u_{xy} + u_{yy} + u_y - u = 0$

15　1.5 節の (1) で与えられる方程式が楕円型（または双曲型）であるための必要かつ十分な条件はその特性方向が 1 つもない（または 2 つある）ことである．このことを証明せよ．

16　2 回連続的微分可能であって，かつ遠方では零となっている関数の全体を C_0^2 と書くことにする．このときすべての $\omega \in C_0^2$ に対して
$$\int_{-\infty}^{\infty} \int_{-\infty}^{\infty} u(\omega_{xx} - \omega_{yy}) dx dy = 0$$
をみたす関数 u（不連続でもよい）を方程式 $u_{xx} - u_{yy} = 0$ の**弱い解**という．いま曲線
$$\Gamma : \varphi(x, y) = 0$$
の上で不連続であって，それ以外では $u_{xx} - u_{yy} = 0$ をみたす弱い解があったとすれば，Γ は特性的でなければならないことを証明せよ．ただし $u(\mathrm{P}), u_x(\mathrm{P}), u_y(\mathrm{P})$ は点 P が領域 $D_1 = \{(x, y); \varphi(x, y) < 0\}$ から Γ に近づいたとき，および領域 $D_2 = \{(x, y); \varphi(x, y) > 0\}$ から Γ に近づいたとき，それぞれ有限な極限値をもつものとする．

17　次の初期値問題の解析的な解を求めよ．
　（i）　$\begin{cases} u_{xx} + u_{yy} = 0 \\ u(x, 0) = 0, \quad u_y(x, 0) = x^2 \end{cases}$
　（ii）　$\begin{cases} u_{xx} - u_{yy} = 0 \\ u(x, 0) = 0, \quad u_y(x, 0) = \sin x \end{cases}$

(iii) $\begin{cases} u_{xx} - u_{yy} = 0 \\ u(x,0) = \cos x, \quad u_y(x,0) = 0 \end{cases}$

(iv) $\begin{cases} u_{xx} - u_y = 0 \\ u(x,0) = e^x \end{cases}$

18 (x,y) 平面内にある閉曲線 C で囲まれた図形 B の面積は

$$\int_C x\,dy = -\int_C y\,dx = \frac{1}{2}\int_C x\,dy - y\,dx$$

によって計算できることを示せ．

19 空間内にある閉曲面 S で囲まれた立体の体積は

$$\iint_S x\,dydz = \iint_S y\,dzdx = \iint_S z\,dxdy = \frac{1}{3}\iint_S x\,dydz + y\,dzdx + z\,dxdy$$

によって計算できることを示せ．

20 例題 1.15 における条件「S 上で $f = 0$」のかわりに「S 上で $\partial f/\partial n = 0$」で置き換えたとき，$f$ は D において定数となることを証明せよ．

21 座標変換により点 P の座標が (x_1, x_2, x_3) から (X_1, X_2, X_3) に変わり，ベクトル $\boldsymbol{u}$ の成分が (u_1, u_2, u_3) から (U_1, U_2, U_3) に変わったとする．このとき，ある直交行列 (c_{ij}) によって

$$X_i = \sum_{j=1}^3 c_{ij} x_j + b_i, \quad U_i = \sum_{j=1}^3 c_{ij} u_j$$

と書けることを示せ．さらに

$$\sum_{i=1}^3 \frac{\partial u_i}{\partial x_i} = \sum_{i=1}^3 \frac{\partial U_i}{\partial X_i}$$

の成り立つことを確かめよ．

22 ベクトル関数 $\boldsymbol{u} = \operatorname{grad} r^\lambda$ ($r = \sqrt{x^2 + y^2 + z^2}$) に対して，$\operatorname{div}(|\boldsymbol{u}|^a \boldsymbol{u}) = 0$ となるように定数 λ を決めよ．ただし a は 1 より小なる定数である． （名大工）

2 フーリエ解析

2.1 フーリエ係数

区間 $[-\pi, \pi]$ で定義された関数 $f(x)$ を三角級数

$$f(x) = \frac{a_0}{2} + \sum_{n=1}^{\infty}(a_n \cos nx + b_n \sin nx) \tag{1}$$

に展開することを考えよう．いま $f(x)$ が可積分, すなわち

$$\int_{-\pi}^{\pi} |f(x)| dx < \infty$$

であって, 級数 (1) が区間 $[-\pi, \pi]$ で一様に収束しているならば

$$\begin{aligned} a_n &= \frac{1}{\pi} \int_{-\pi}^{\pi} f(x) \cos nx\, dx \qquad (n = 0, 1, 2, \cdots), \\ b_n &= \frac{1}{\pi} \int_{-\pi}^{\pi} f(x) \sin nx\, dx \qquad (n = 1, 2, \cdots) \end{aligned} \tag{2}$$

となる．なぜならば三角関数系

$$1, \cos x, \sin x, \cos 2x, \sin 2x, \cdots, \cos nx, \sin nx, \cdots \tag{3}$$

が互いに直交している：

$$\begin{aligned} &\int_{-\pi}^{\pi} \cos nx\, dx = \int_{-\pi}^{\pi} \sin nx\, dx = \int_{-\pi}^{\pi} \cos nx \sin mx\, dx = 0, \\ &\int_{-\pi}^{\pi} \cos nx \cos mx\, dx = \int_{-\pi}^{\pi} \sin nx \sin mx\, dx = \begin{cases} \pi & (n = m) \\ 0 & (n \neq m) \end{cases} \end{aligned} \tag{4}$$

からである．

(2) によって決まる $a_n (n = 0, 1, 2, \cdots)$ と $b_n (n = 1, 2, \cdots)$ を $f(x)$ の**フーリエ**（**Fourier**）**係数**という．これらについて次の 2 つの定理が成りたつ．

> **定理 2.1**（三角関数系の完全性） 区間 $[-\pi, \pi]$ で連続な関数 $f(x)$ のフーリエ係数がすべて零ならば, $f(x)$ は恒等的に零になる．

証明 $f(x) \not\equiv 0$ であって，かつ $f(x)$ のフーリエ係数がすべて零となるような関数 $f(x)$ があったとする．区間 $(-\pi, \pi)$ の部分区間 $[a,b]$ において $f(x) \geqq m$ (m は正の定数) となっているとしてよい．また仮定から $f(x)$ は三角関数系 (3) から作られる1次結合と直交していることがわかる．したがって

$$\psi(x) = 1 + \cos\left(x - \frac{a+b}{2}\right) - \cos\frac{a-b}{2}$$

と $\psi(x)$ を定めるとき，すべての自然数 N に対して

$$\int_{-\pi}^{\pi} f(x)\psi(x)^N dx = 0 \tag{5}$$

を得る．なぜならば $\psi(x)^N$ は三角関数系 (3) の1次結合として書けているからである．

他方 $a < x < b$ ならば

$$\left|x - \frac{a+b}{2}\right| < \frac{b-a}{2} < \pi \quad \text{よって} \quad \psi(x) > 1$$

であり，$-\pi \leqq x < a$ または $b < x \leqq \pi$ ならば

$$\frac{b-a}{2} < \left|x - \frac{a+b}{2}\right| < 2\pi - \frac{b-a}{2} \quad \text{よって} \quad \psi(x) < 1$$

となることより

$$\lim_{N \to \infty} \int_a^b \psi(x)^N dx = \infty,$$
$$\lim_{N \to \infty} \left\{\int_{-\pi}^a f(x)\psi(x)^N dx + \int_b^\pi f(x)\psi(x)^N dx\right\} = 0$$

を得る．したがって

$$\int_{-\pi}^{\pi} f(x)\psi(x)^N dx \geqq m\int_a^b \psi(x)^N dx + \int_{-\pi}^a f(x)\psi(x)^N dx + \int_b^\pi f(x)\psi(x)^N dx$$

より

$$\lim_{N \to \infty} \int_{-\pi}^{\pi} f(x)\psi(x)^N dx = \infty$$

となる．これは (5) に反する．よって上記のような関数 $f(x)$ は存在しないと結論できる．すなわち，フーリエ係数がすべて零ならば $f(x) \equiv 0$ とならなければ

2.1 フーリエ係数

ならない． (証明終)

■**問 1** 三角関数系 (3) が互いに直交していること，すなわち (4) を示せ．
■**問 2** $\psi(x)^N$ が三角関数系 (3) の 1 次結合として書けることを確かめよ．

> **定理 2.2** 区間 $[-\pi, \pi]$ で 2 乗可積分な関数 $f(x)$ ($f(x)^2$ が可積分ということ) のフーリエ系数を a_n, b_n とするとき，ベッセル (**Bessel**) の不等式
> $$\frac{1}{2}a_0^2 + \sum_{n=1}^{\infty}(a_n^2 + b_n^2) \leqq \frac{1}{\pi}\int_{-\pi}^{\pi} f(x)^2 dx \tag{6}$$
> が成り立つ．特に
> $$\lim_{n\to\infty} a_n = \lim_{n\to\infty} b_n = 0 \tag{7}$$
> が成り立つ．

証明 等式

$$\left(h - \sum_{n=0}^{N} h_n\right)^2 = h^2 - 2\sum_{n=0}^{N} hh_n + \sum_{n=0}^{N} h_n^2 + 2\sum_{n,m=0(n\neq m)}^{N} h_n h_m$$

において

$$h = f(x), \quad h_0 = \frac{a_0}{2}, \quad h_n = a_n\cos nx + b_n\sin nx \ (n \geqq 1)$$

と置けば，直交関係 (4) を用いて，

$$0 \leqq \int_{-\pi}^{\pi}\left(h - \sum_{n=0}^{N} h_n\right)^2 dx$$
$$= \int_{-\pi}^{\pi} f(x)^2 dx$$
$$\quad -a_0\int_{-\pi}^{\pi} f(x)dx - 2\sum_{n=1}^{N}\int_{-\pi}^{\pi} f(x)(a_n\cos nx + b_n\sin nx)dx$$
$$\quad + \frac{a_0^2}{4}\int_{-\pi}^{\pi} dx + \sum_{n=1}^{N}\int_{-\pi}^{\pi}(a_n\cos nx + b_n\sin nx)^2 dx.$$

よって

$$\int_{-\pi}^{\pi} f(x)^2 dx \geqq \pi a_0^2 + 2\pi \sum_{n=1}^{N}(a_n^2+b_n^2) - \frac{1}{2}\pi a_0^2 - \pi \sum_{n=1}^{N}(a_n^2+b_n^2)$$
$$= \pi\left(\frac{1}{2}a_0^2 + \sum_{n=1}^{N}(a_n^2+b_n^2)\right).$$

この両辺を π で割って，$N \to \infty$ とすればよい．(7) は明らかである．(証明終)

全区間 $(-\infty, \infty)$ で定義されている関数 $f(x)$ がすべての x に対して

$f(x+T) = f(x)(T>0)$ をみたすとき，**周期 T の周期関数**，

$f(-x) = f(x)$ をみたすとき，**偶関数**，

$f(-x) = -f(x)$ をみたすとき，**奇関数**

という．

■**問 3** 周期 2π の周期関数 $f(x)$ のフーリエ係数について次が成り立つことを示せ．
(i) $f(x)$ が偶関数ならば $a_n = \dfrac{2}{\pi}\int_0^{\pi} f(x)\cos nx dx, \quad b_n = 0 \quad (n \geqq 0)$.
(ii) $f(x)$ が奇関数ならば $a_n = 0, \quad b_n = \dfrac{2}{\pi}\int_0^{\pi} f(x)\sin nx dx \quad (n \geqq 1)$.

例題 2.1 方形波，すなわち

$$f(x) = \begin{cases} -1 & (-\pi < x < 0) \\ 1 & (0 < x < \pi) \end{cases}, \quad f(x+2\pi) = f(x)$$

で定義される関数 $f(x)$ のフーリエ係数を求めよ．さらにベッセルの不等式を用いて，級数 $1 + 1/9 + 1/25 + \cdots$ が収束することを示せ．

解 $f(x)$ は奇関数であるから $a_n = 0 \ (n=0,1,2,\cdots)$ である．他方

$$\pi b_n = \int_{-\pi}^{0}(-1)\sin nx dx + \int_0^{\pi} 1\cdot \sin nx dx = 2\int_0^{\pi}\sin nx dx$$
$$= \frac{2}{n}\Big[-\cos nx\Big]_0^{\pi}.$$

$\cos 0 = 1, \cos n\pi = (-1)^n$ であるから

$$b_n = \frac{2}{n\pi}(1-(-1)^n) = \begin{cases} 4/n\pi & (n \text{ が奇数}) \\ 0 & (n \text{ が偶数}). \end{cases}$$

このフーリエ係数にベッセルの不等式 (6) を適用して,

$$b_1{}^2 + b_3{}^2 + b_5{}^2 + \cdots = \frac{16}{\pi^2}\left(1 + \frac{1}{9} + \frac{1}{25} + \cdots\right) \leqq \frac{1}{\pi}\int_{-\pi}^{\pi} dx = 2.$$

よって

$$1 + \frac{1}{9} + \frac{1}{25} + \cdots \leqq \frac{\pi^2}{8}. \tag{8}$$

(解終)

2.2 フーリエ級数

周期 2π の周期関数 $f(x)$ のフーリエ係数 (2) を用いて作った三角級数

$$\frac{a_0}{2} + \sum_{n=1}^{\infty}(a_n \cos nx + b_n \sin nx) \tag{1}$$

を $f(x)$ から生ずる**フーリエ級数**という.この級数がもとの $f(x)$ に収束するかどうかという問題を考えよう.

級数 (1) の第 N 項までの部分和を

$$S_N(x) = \frac{a_0}{2} + \sum_{n=1}^{N}(a_n \cos nx + b_n \sin nx) \tag{2}$$

とおく.$f(x)$ のフーリエ係数

$$a_n = \frac{1}{\pi}\int_{-\pi}^{\pi} f(t)\cos nt\, dt, \quad b_n = \frac{1}{\pi}\int_{-\pi}^{\pi} f(t)\sin nt\, dt$$

を (2) に代入して,

$$S_N(x) = \frac{1}{2\pi}\int_{-\pi}^{\pi} f(t)\left\{1 + 2\sum_{n=1}^{N}\cos n(t-x)\right\}dt.$$

オイラー (Euler) の公式 $e^{ix} = \cos x + i\sin x$ を用いて,上式の括弧内の級数を計算する:

$$1 + 2\sum_{n=1}^{N}\cos nx = \mathrm{Re}\left(2\sum_{n=0}^{N}e^{inx}\right) - 1 = 2\mathrm{Re}\frac{1-e^{i(N+1)x}}{1-e^{ix}} - 1$$

$$= 2\mathrm{Re}\frac{1-\cos(N+1)x - i\sin(N+1)x}{1-\cos x - i\sin x} - 1$$

$$= 2\frac{1-\cos x - \cos(N+1)x + \cos Nx}{(1-\cos x)^2 + \sin^2 x} - 1 = \frac{\cos Nx - \cos(N+1)x}{1-\cos x}$$

$$= \frac{2\sin(N+1/2)x \sin x/2}{2\sin x/2} = \frac{\sin(N+1/2)x}{\sin x/2} = \cos Nx + \frac{\sin Nx}{\tan x/2}.$$

これを**ディリクレ (Dirichlet) 核**といい，$D_N(x)$ で表す．これは偶関数かつ周期 2π の周期関数であるから

$$S_N(x) = \frac{1}{2\pi}\int_{-\pi}^{\pi} f(t) D_N(t-x) dt = \frac{1}{2\pi}\int_{x-\pi}^{x+\pi} f(x+\tau) D_N(\tau) d\tau$$

$$= \frac{1}{2\pi}\int_{-\pi}^{\pi} f(x+\tau) D_N(\tau) d\tau$$

$$= \frac{1}{2\pi}\int_0^{\pi} \{f(x+\tau) + f(x-\tau)\} D_N(\tau) d\tau. \tag{3}$$

特に $f(x) \equiv 1$ のとき，$S_N(x) = 1$ であるから

$$\frac{1}{\pi}\int_0^{\pi} D_N(t) dt = 1 \quad \left(D_N(t) = \cos Nt + \frac{\sin Nt}{\tan t/2}\right) \tag{4}$$

を得る．

次に $(-\infty, \infty)$ で定義された関数 $f(x)$ についての条件を列記する．

C₁ どんな有限区間内にも高々有限個の不連続点を持ち，それらの点以外では連続である．

C₂ 各不連続点 x_0 では右および左からの極限値を持つ：

$$\lim_{\varepsilon \downarrow 0} f(x_0 \pm \varepsilon) = f(x_0 \pm 0).$$

C₃ すべての点 x で右および左微分係数を持つ：

$$f_r'(x) = \lim_{h\downarrow 0}\frac{f(x+h)-f(x)}{h}, \quad f_\ell'(x) = \lim_{h\downarrow 0}\frac{f(x)-f(x-h)}{h}.$$

定理 2.3 周期 2π の周期関数 $f(x)$ が条件 **C₁, C₂, C₃** をみたすならば，そのフーリエ級数はすべての点 x で $\tilde{f}(x) = \{f(x+0) + f(x-0)\}/2$ に収束し，パーセバル **(Parseval)** の等式

2.2 フーリエ級数

$$\frac{1}{2}a_0{}^2 + \sum_{n=1}^{\infty}(a_n{}^2 + b_n{}^2) = \frac{1}{\pi}\int_{-\pi}^{\pi} f(x)^2 dx \tag{5}$$

が成り立つ．さらに $f(x)$ の導関数 $f'(x)$ が条件 $\mathbf{C}_1$ をみたすならば，そのフーリエ級数は絶対かつ一様に $f(x)$ に収束する．

証明 $N \to \infty$ のとき，$S_N(x) - \tilde{f}(x) \to 0$ となること，すなわち，(3) と (4) を用いて

$$\lim_{N \to \infty} \int_0^{\pi} \left\{ \frac{f(x+t)+f(x-t)}{2} - \frac{f(x+0)+f(x-0)}{2} \right\}$$
$$\times \left(\cos Nt + \frac{\sin Nt}{\tan t/2} \right) dt = 0 \tag{6}$$

を示せばよい．

(6) の括弧 { } 内の関数を $g(t)$ で表す．$g(t)$ は有界偶関数である．定理 2.2 の (7) を用いて

$$\lim_{N \to \infty} \int_0^{\pi} g(t) \cos Nt\, dt = \lim_{N \to 0} \frac{1}{2}\int_{-\pi}^{\pi} g(t) \cos Nt\, dt = 0.$$

他方

$$\lim_{t \downarrow 0} \frac{g(t)}{\tan t/2} = \lim_{t \downarrow 0} \frac{g(t)}{t} \frac{t}{\tan t/2} = f_{\mathrm{r}}'(x) - f_{\ell}'(x)$$

である．よって $g(t)/\tan(t/2)$ は $[-\pi, \pi]$ で有界な奇関数であることがわかる．再び定理 2.2 の (7) より

$$\lim_{N \to \infty} \int_0^{\pi} \frac{g(t)}{\tan t/2} \sin Nt\, dt = \lim_{N \to \infty} \frac{1}{2}\int_{-\pi}^{\pi} \frac{g(t)}{\tan t/2} \sin Nt\, dt = 0$$

を得る．これで (6) が示された．

以上の議論より $S_N(x) - \tilde{f}(x)$ が N に関して一様有界であり，$N \to \infty$ のとき $S_N(x) - \tilde{f}(x) \to 0$ であるから，ルベーグ（**Lebesgue**）の収束定理を適用できて，

$$\lim_{N \to \infty} \int_{-\pi}^{\pi} \{S_N(x) - \tilde{f}(x)\}^2 dx = 0$$

となる．ところが定理 2.2 の証明より

$$\int_{-\pi}^{\pi}\{S_N(x)-\tilde{f}(x)\}^2 dx = \int_{-\pi}^{\pi} f(x)^2 dx - \pi\left\{\frac{1}{2}a_0{}^2 + \sum_{n=1}^{N}(a_n{}^2+b_n{}^2)\right\}$$

であるから (5) が結論できる.

以下では $f'(x)$ が条件 $\mathbf{C}_1$ をみたしているとする. 簡単のため, $f'(x)$ は $[-\pi,\pi]$ 内の 1 点 c で不連続だったとする. $f'(x)$ のフーリエ係数を a_n^*, b_n^* とする.

$$a_n^* = \frac{1}{\pi}\int_{-\pi}^{c} f'(x)\cos nx\, dx + \frac{1}{\pi}\int_{c}^{\pi} f'(x)\cos nx\, dx$$
$$= \frac{1}{\pi}\Big[f(x)\cos nx\Big]_{-\pi}^{c} + \frac{1}{\pi}\Big[f(x)\cos nx\Big]_{c}^{\pi} + \frac{n}{\pi}\int_{-\pi}^{\pi} f(x)\sin nx\, dx = nb_n.$$

同様にして, $b_n^* = -na_n$ を得る. よって

$$a_n = -\frac{1}{n}b_n^*, \quad b_n = \frac{1}{n}a_n^*.$$

これらにコーシーの不等式を適用して

$$|a_n| \leq \frac{1}{2}\left(\frac{1}{n^2}+b_n^{*2}\right), \quad |b_n| \leq \frac{1}{2}\left(\frac{1}{n^2}+a_n^{*2}\right).$$

したがって, 下記例題 2.2 の関数 (鋸歯状波) と $f'(x)$ に対するベッセルの不等式より

$$\sum_{n=1}^{\infty}(|a_n|+|b_n|) \leq \sum_{n=1}^{\infty}\frac{1}{n^2} + \frac{1}{2}\sum_{n=1}^{\infty}(a_n^{*2}+b_n^{*2}) \leq \frac{1}{6}\pi^2 + \frac{1}{2\pi}\int_{-\pi}^{\pi} f'(x)^2 dx.$$

このことから, 十分大きな自然数 $N, M (M>N)$ に対して

$$|S_M(x)-S_N(x)| \leq \sum_{n=N+1}^{M}|a_n\cos nx + b_n\sin nx| \leq \sum_{n=N+1}^{M}(|a_n|+|b_n|)$$

であるから $S_N(x)$ は絶対かつ一様に $f(x)$ に収束していることがわかる.

(証明終)

■**問 1** (4) より次を導け.

(i) $\displaystyle\lim_{N\to\infty}\frac{1}{\pi}\int_0^{\pi}\frac{\sin Nt}{\tan(t/2)}dt = 1$

(ii) $\displaystyle\frac{2}{\pi}\int_0^{\infty}\frac{\sin t}{t}dt = \frac{2}{\pi}\int_0^{\infty}\frac{\sin Mt}{t}dt = 1 \quad (M>0).$ \hfill (7)

2.2 フーリエ級数

例題 2.2 鋸歯状波，すなわち
$$f(x) = \begin{cases} \pi & (x=0) \\ x & (0 < x < 2\pi) \end{cases}$$
によって定義された周期 2π の周期関数のフーリエ級数を求めよ．

解 $-2\pi < x < 0$ では $f(x) = x + 2\pi$ であるが，$f(x)\cos nx, f(x)\sin nx$ は周期関数なので
$$a_0 = \frac{1}{\pi}\int_0^{2\pi} x\, dx = \left[\frac{1}{2\pi}x^2\right]_0^{2\pi} = 2\pi,$$
$n > 0$ のときは
$$a_n = \frac{1}{\pi}\int_0^{2\pi} x\cos nx\, dx = \left[\frac{1}{n\pi}x\sin nx\right]_0^{2\pi} - \frac{1}{n\pi}\int_0^{2\pi}\sin nx\, dx = 0,$$
$$b_n = \frac{1}{\pi}\int_0^{2\pi} x\sin nx\, dx = \left[\frac{-1}{n\pi}x\cos nx\right]_0^{2\pi} + \frac{1}{n\pi}\int_0^{2\pi}\cos nx\, dx = -\frac{2}{n}.$$
よって
$$f(x) = \pi - 2\sum_{n=1}^\infty \frac{1}{n}\sin nx$$
と展開できる． (解終)

例題 2.3 $f(x) = x^2/4\ (|x| < \pi)$ で定義された周期 2π の周期関数をフーリエ級数に展開し，その展開式に $x = \pi$ および $x = 0$ を代入して，それぞれ
$$\sum_{n=1}^\infty \frac{1}{n^2} = \frac{\pi^2}{6} \quad \text{および} \quad \sum_{n=1}^\infty \frac{(-1)^{n-1}}{n^2} = \frac{\pi^2}{12} \tag{8}$$
となることを確かめよ．

解 $f(x)$ は偶関数であるから，前節の問 4 により，$b_n = 0$ かつ
$$a_n = \frac{1}{2\pi}\int_0^\pi x^2\cos nx\, dx = \frac{1}{2n\pi}\left[x^2\sin nx\right]_0^\pi - \frac{1}{n\pi}\int_0^\pi x\sin nx\, dx$$

$$= \frac{1}{n^2\pi}\Big[x\cos nx\Big]_0^\pi - \frac{1}{n^2\pi}\int_0^\pi \cos nx dx = \frac{(-1)^n}{n^2} \quad (n>0),$$

$$a_0 = \frac{1}{2\pi}\int_0^\pi x^2 dx = \frac{1}{6\pi}\Big[x^3\Big]_0^\pi = \frac{\pi^2}{6}.$$

よって求めるフーリエ級数は

$$\frac{x^2}{4} = \frac{\pi^2}{12} + \sum_{n=1}^\infty \frac{(-1)^n}{n^2}\cos nx \quad (|x| \leq \pi)$$

となる．ここで $x = \pi$ および $x = 0$ を代入して (8) を得る． (解終)

■**問 2** 例題 2.2 で求めたフーリエ級数に，パーセバルの等式 (5) を適用して (8) の第 1 式を導け．

■**問 3** 例題 2.1（前節）に対してパーセバルの等式を適用して

$$\sum_{n=1}^\infty \frac{1}{(2n-1)^2} = \frac{\pi^2}{8}$$

となることを示せ．

2.3 フーリエ積分

無限区間 $(-\infty, \infty)$ において，その絶対値が積分可能（以下簡単に**可積分**という）な関数，すなわち

$$\int_{-\infty}^\infty |f(x)|dx < \infty$$

なる $f(x)$ に対して

$$\hat{f}(\xi) = \int_{-\infty}^\infty f(x)e^{-ix\xi}dx \quad (i = \sqrt{-1}) \tag{1}$$

によって定まる関数 $\hat{f}(\xi)$ を $f(x)$ の**フーリエ変換**という．$\hat{f} = \mathcal{F}(f)$ と書くこともある．(1) の積分を**フーリエ積分**という．

定理 2.4 可積分な関数 $f(x)$ のフーリエ変換 $\hat{f}(\xi)$ は $(-\infty, \infty)$ において，有界かつ連続である．さらに

2.3 フーリエ積分

$$\lim_{\xi \to \pm\infty} \hat{f}(\xi) = 0 \qquad (2)$$

が成り立つ.

証明 有界なことは明らかである.

$$|\hat{f}(\xi+h) - \hat{f}(\xi)| = \left|\int_{-\infty}^{\infty} f(x)e^{-ix\xi}(e^{-ixh} - 1)dx\right|$$

$$\leqq \int_{-\infty}^{\infty} |f(x)||1 - e^{ixh}|dx = 2\int_{-\infty}^{\infty} \left|\sin\frac{hx}{2}\right||f(x)|dx$$

$$\leqq 2\int_{-A}^{A} \left|\sin\frac{hx}{2}\right||f(x)|dx + 2\int_{|x|>A} |f(x)|dx$$

が任意の正数 A に対して成り立つ. $h \to 0$ として

$$\limsup_{h \to 0} |\hat{f}(\xi+h) - \hat{f}(\xi)| \leqq 2\int_{|x|>A} |f(x)|dx.$$

さらに $A \to \infty$ として,上式の左辺が零となることがわかる.これで $\hat{f}(\xi)$ の連続性が示された.

次に (2) を示す.$e^{i\pi} = -1$ を用いて

$$\hat{f}(\xi) = -\int_{-\infty}^{\infty} f(x)e^{-i\left(x-\frac{\pi}{\xi}\right)\xi}dx = -\int_{-\infty}^{\infty} f\left(x+\frac{\pi}{\xi}\right)e^{-ix\xi}dx.$$

この両辺に $\hat{f}(\xi)$ を加えて

$$2\hat{f}(\xi) = \int_{-\infty}^{\infty} \left\{f(x) - f\left(x+\frac{\pi}{\xi}\right)\right\}e^{-ix\xi}dx.$$

前回と同じように,この積分を 2 つにわける:

$$2|\hat{f}(\xi)| \leqq \int_{-\infty}^{\infty} \left|f(x) - f\left(x+\frac{\pi}{\xi}\right)\right|dx$$

$$= \int_{-A}^{A} \left|f(x) - f\left(x+\frac{\pi}{\xi}\right)\right|dx + \int_{|x|>A} \left|f(x) - f\left(x+\frac{\pi}{\xi}\right)\right|dx$$

$$\leqq \int_{-A}^{A} \left|f(x) - f\left(x+\frac{\pi}{\xi}\right)\right|dx + 2\int_{|x|>A-\pi/\xi} |f(x)|dx.$$

よって
$$\limsup_{\xi \to \pm\infty} |\hat{f}(\xi)| \leqq 2\int_{|x|>A} |f(x)|dx.$$
$A \to \infty$ として (2) を得る． (証明終)

フーリエ級数による展開定理 2.3 に対応して次のフーリエ積分による表現定理が成り立つ．

定理 2.5 区間 $(-\infty, \infty)$ で区分的に連続（条件 $\mathbf{C_1}, \mathbf{C_2}$）な可積分関数 $f(x)$ がすべての点で右および左微分係数を持つ（条件 $\mathbf{C_3}$）ならば

$$\frac{f(x+0)+f(x-0)}{2} = \lim_{M\to\infty} \frac{1}{2\pi}\int_{-M}^{M} \hat{f}(\xi)e^{ix\xi}d\xi \quad \text{(反転公式)} \quad (3)$$

$$= \frac{1}{\pi}\int_0^\infty \{A(\xi)\cos x\xi + B(\xi)\sin x\xi\}d\xi \quad \text{(フーリエの積分表示)} \tag{4}$$

が成り立つ．ただし

$$A(\xi) = \int_{-\infty}^\infty f(t)\cos t\xi\, dt, \quad B(\xi) = \int_{-\infty}^\infty f(t)\sin t\xi\, dt \tag{5}$$

である．

証明 (i) **反転公式**．十分大きな正数 M に対して
$$s_M(x) = \frac{1}{2\pi}\int_{-M}^M \hat{f}(\xi)e^{ix\xi}d\xi$$
とおく．(1) の $\hat{f}(\xi)$ を代入して
$$s_M(x) = \frac{1}{\pi}\int_0^M d\xi \int_{-\infty}^\infty f(t)\cos\xi(t-x)dt = \frac{1}{\pi}\int_{-\infty}^\infty f(t)\frac{\sin M(t-x)}{t-x}dt$$
$$= \frac{1}{\pi}\int_{-\infty}^\infty f(x+\tau)\frac{\sin M\tau}{\tau}d\tau = \frac{2}{\pi}\int_0^\infty \frac{f(x+t)+f(x-t)}{2}\frac{\sin Mt}{t}dt$$
を得る．よって，前節の問 1 の (7) より
$$\lim_{M\to\infty}\int_0^\infty \left\{\frac{f(x+t)+f(x-t)}{t} - \frac{f(x+0)+f(x-0)}{t}\right\}\sin Mt\, dt = 0 \tag{6}$$

2.3 フーリエ積分

を証明すればよい．

(6) の括弧 { } 内の関数を $h(t)$ で表す．条件 $\mathbf{C}_3$ より

$$\lim_{t \to 0} h(t) = f_r'(x) - f_\ell'(x)$$

である．よって $h(t)$ は $0 < t < 1$ では有界である．他方 t の関数 $\{f(x+t)+f(x-t)\}/t$ は $1 < t < \infty$ で可積分である．したがって

$$\int_0^\infty h(t) \sin Mt\, dt = \int_0^1 h(t) \sin Mt\, dt + \int_1^\infty \frac{f(x+t)+f(x-t)}{t} \sin Mt\, dt$$
$$+ \{f(x+0)+f(x-0)\} \int_M^\infty \frac{\sin t}{t} dt$$

と書ける．定理 2.4 を適用して

$$\int_0^1 h(t) e^{-iMt} dt \to 0, \quad \int_1^\infty \frac{f(x+t)+f(x-t)}{t} e^{-iMt} dt \to 0 \quad (M \to \infty)$$

となる．よって (6) が成り立つ．

(ii) **フーリエ積分表示**．オイラーの公式を使うと

$$\hat{f}(\xi) = \int_{-\infty}^\infty f(t)(\cos \xi t - i \sin \xi t) dt = A(\xi) - iB(\xi)$$

と書ける．$A(\xi)$ は偶関数，$B(\xi)$ は奇関数であるから

$$\int_{-M}^M \hat{f}(\xi) e^{ix\xi} d\xi = \int_{-M}^M \{A(\xi) - iB(\xi)\}(\cos \xi x + i \sin \xi x) d\xi$$
$$= \int_{-M}^M \{A(\xi) \cos x\xi + B(\xi) \sin x\xi\} d\xi$$

となり，(4) を得る． （証明終）

(3) の右辺を $\mathcal{F}^{-1}(\hat{f})$ と書いて，**フーリエ逆変換**という．特に $f(x)$ が x で連続で，$\hat{f}(\xi)$ が可積分ならば

$$f(x) = \frac{1}{2\pi} \int_{-\infty}^\infty \hat{f}(\xi) e^{ix\xi} d\xi$$

が成り立つ．

■**問 1** (i) $f(x)$ が偶関数ならば $B(\xi) = 0$ となり

$$f(x) = \frac{1}{\pi} \int_0^\infty A(\xi) \cos x\xi d\xi \quad \left(A(\xi) = 2\int_0^\infty f(t) \cos t\xi dt \right) \tag{7}$$

(ii) $f(x)$ が奇関数ならば $A(\xi) = 0$ となり

$$f(x) = \frac{1}{\pi} \int_0^\infty B(\xi) \sin x\xi d\xi \quad \left(B(\xi) = 2\int_0^\infty f(t) \sin t\xi dt \right) \tag{8}$$

となることを示せ.

■**問 2** (4) に (5) を代入して次の公式を導け.

$$f(x) = \lim_{M\to\infty} \frac{1}{\pi} \int_0^M d\xi \int_{-\infty}^\infty f(t) \cos\xi(x-t) dt. \tag{9}$$

定理 2.6 (i) $f(x)$ がその導関数 $f'(x)$ と共に可積分ならば,

$$\widehat{f'}(\xi) = i\xi \hat{f}(\xi).$$

(ii) 2つの可積分な関数 $f(x)$ と $g(x)$ の**合成積**

$$(f*g)(x) = \int_{-\infty}^\infty f(x-y)g(y)dy$$

のフーリエ変換は

$$\widehat{f*g}(\xi) = \hat{f}(\xi)\hat{g}(\xi)$$

によって与えられる.

証明 (i) $x \to \pm\infty$ のとき $f(x) \to 0$ に注意して

$$\widehat{f'}(\xi) = \int_{-\infty}^\infty f'(x)e^{-ix\xi}dx = \left[f(x)e^{-ix\xi}\right]_{-\infty}^\infty + \int_{-\infty}^\infty f(x) i\xi e^{-ix\xi}dx$$
$$= i\xi \hat{f}(\xi).$$

(ii) $f(x-y)$ を, y を固定して, x の関数とみてそのフーリエ変換を計算すると,

$$\mathcal{F}_x\{f(x-y)\}(\xi) = \int_{-\infty}^\infty f(x-y)e^{-ix\xi}dx = e^{-iy\xi}\hat{f}(\xi).$$

よって

2.3 フーリエ積分

$$\hat{f}(\xi)\hat{g}(\xi) = \int_{-\infty}^{\infty} g(y)e^{-iy\xi}\hat{f}(\xi)dy = \int_{-\infty}^{\infty} g(y)\mathcal{F}_x\{f(x-y)\}(\xi)dy$$
$$= \int_{-\infty}^{\infty} dy \int_{-\infty}^{\infty} f(x-y)g(y)e^{-ix\xi}dx.$$

ここで x,y の関数 $f(x-y)g(y)e^{-ix\xi}$ が x,y について 2 重積分可能であることに注意して，積分の順序を交換すると（ルベーグ積分とみなして）

$$\hat{f}(\xi)\hat{g}(\xi) = \int_{-\infty}^{\infty} e^{-ix\xi}dx \int_{-\infty}^{\infty} f(x-y)g(y)dy.$$

これで (ii) が証明された． (証明終)

例題 2.4 次の関数のフーリエ変換を計算し，それらのフーリエ積分表示を求めよ．
 (i) $f(x) = e^{-a|x|}$ (ii) $f(x) = e^{-ax^2}$ （a は正の定数）

解 (i) $f(x)$ は偶関数であるから $\hat{f}(\xi) = A(\xi)$ である．

$$\hat{f}(\xi) = \int_{-\infty}^{\infty} e^{-a|x|} e^{-ix\xi} dx = \int_{-\infty}^{0} e^{(a-i\xi)x} dx + \int_{0}^{\infty} e^{-(a+i\xi)x} dx$$
$$= \frac{1}{a-i\xi}\left[e^{(a-i\xi)x}\right]_{-\infty}^{0} - \frac{1}{a+i\xi}\left[e^{-(a+i\xi)x}\right]_{0}^{\infty}$$
$$= \frac{1}{a-i\xi} + \frac{1}{a+i\xi} = \frac{2a}{a^2+\xi^2} \quad \text{よって} \quad A(\xi) = \frac{2a}{a^2+\xi^2}.$$

したがって，問 1 の (i) を適用して

$$e^{-a|x|} = \frac{2}{\pi}\int_{0}^{\infty} \frac{a}{a^2+\xi^2}\cos x\xi\, d\xi.$$

(ii) $\hat{f}(\xi) = F(\xi)$ とおけば

$$F'(\xi) = \int_{-\infty}^{\infty} -ixe^{-ax^2}e^{-ix\xi}dx = \frac{i}{2a}\int_{-\infty}^{\infty}(-2ax)e^{-ax^2}e^{-ix\xi}dx$$
$$= \frac{i}{2a}\int_{-\infty}^{\infty}(e^{-ax^2})'e^{-ix\xi}dx = \frac{i}{2a}i\xi F(\xi) = -\frac{\xi}{2a}F(\xi).$$

微分方程式 $F'(\xi) + (\xi/2a)F(\xi) = 0$ を解いて，

$$F(\xi) = Ce^{-\xi^2/4a}, \quad F(0) = \int_{-\infty}^{\infty} e^{-ax^2} dx = \sqrt{\frac{\pi}{a}}.$$

よって
$$F(\xi) = \sqrt{\frac{\pi}{a}} e^{-\xi^2/4a}.$$

$f(x)$ のフーリエ積分表示は
$$e^{-ax^2} = \frac{1}{\sqrt{\pi a}} \int_0^{\infty} e^{-\xi^2/4a} \cos x\xi d\xi. \qquad \text{(解終)}$$

例題 2.5 次の関数(単一パルス)のフーリエ積分表示を求めよ.
$$f(x) = \begin{cases} 1 & (|x| < 1) \\ 0 & (|x| > 1), \end{cases} \quad f(\pm 1) = \frac{1}{2}.$$

解 問 1 から $B(\xi) = 0$,
$$A(\xi) = 2\int_0^1 \cos t\xi dt = \left[\frac{2\sin t\xi}{\xi}\right]_0^1 = \frac{2\sin \xi}{\xi}.$$

よって
$$f(x) = \frac{2}{\pi} \int_0^{\infty} \frac{\sin \xi}{\xi} \cos x\xi d\xi. \tag{10}$$

(解終)

■**問 3** (10) を使って
$$\int_0^{\infty} \frac{\sin x}{x} dx = \frac{\pi}{2}$$
を導け(2.2 節問 1 参照).

●**注意 1** 例題 2.5 における $f(x)$ は
$$f_M(x) = \frac{2}{\pi} \int_0^M \frac{\sin \xi}{\xi} \cos x\xi d\xi$$

によって近似できる.しかしながら $f(x)$ の不連続点 ± 1 の近くで,$f(x)$ は振動することがわかる.$M \to \infty$ としてもこの振動は消えることなく,$x = \pm 1$ の付近に集まってくる.このことは**ギブス(Gibbs)の現象**としてよく知られている.

2.4 ラプラス変換

関数 $g(x)$ が可積分でなくても，次のような場合にはフーリエ変換を求めることができる．すなわち，$x < 0$ では $g(x) = 0$ であり，ある $\sigma > 0$ に対して $e^{-\sigma x} g(x)$ が可積分になるならば，$e^{-\sigma x} g(x)$ のフーリエ変換，

$$\int_0^\infty e^{-\sigma x} g(x) e^{-ix\xi} dx = \int_0^\infty g(x) e^{-sx} dx, \quad s = \sigma + i\xi \quad (1)$$

が定まる．一般に $f(t)$ を $t \geqq 0$ で定義された関数とし，$e^{-st} f(t)$ (s は複素数) が $(0, \infty)$ で積分可能ならば

$$F(s) = \int_0^\infty e^{-st} f(t) dt$$

を $f(t)$ のラプラス (**Laplace**) 変換という．これを $\mathcal{L}(f)$ と書く．

次の定理は定理 2.5 から明らかである．

定理 2.7 半区間 $t \geqq 0$ で定義された関数 $f(t)$ が次の 2 つの条件

(i) 区間 $[0, \infty)$ で区分的に連続（条件 $\mathbf{C_1}, \mathbf{C_2}$）で，いたる所で右および左微分係数を持つ（条件 $\mathbf{C_3}$）．

(ii) ある定数 γ と M に対して

$$|f(t)| \leqq M e^{\gamma t} \quad (t \geqq 0) \quad (2)$$

をみたすとする．$\sigma > \gamma$ ならば $f(t)$ のラプラス変換 $F(s)(s = \sigma + i\xi)$ が定まり，さらに

$$\frac{f(t+0) + f(t-0)}{2} = \lim_{M \to \infty} \frac{1}{2\pi i} \int_{\sigma - iM}^{\sigma + iM} F(s) e^{st} ds \quad (t > 0) \quad (3)$$

が成り立つ．

証明 全区間 $(-\infty, \infty)$ で定義された関数 $g(x)$ を

$$g(x) = \begin{cases} f(x) & (x \geqq 0) \\ 0 & (x < 0) \end{cases}$$

によって定める．$e^{-\sigma x} g(x)$ は $(-\infty, \infty)$ で可積分である．この関数のフーリエ

変換は (1) によって与えられる．すなわち

$$\mathcal{F}[e^{-\sigma x}g(x)](\xi) = F(s), \quad s = \sigma + i\xi.$$

この関数 $e^{-\sigma x}g(x)$ に定理 2.5 を適用して

$$e^{-\sigma x}g(x) = \lim_{M\to 0}\frac{1}{2\pi}\int_{-M}^{M} F(\sigma+i\xi)e^{ix\xi}d\xi$$
$$= \lim_{M\to\infty}\frac{1}{2\pi i}\int_{\sigma-iM}^{\sigma+iM} F(s)e^{x(s-\sigma)}ds.$$

この両辺に $e^{\sigma x}$ を掛けて，公式 (3) を得る． (証明終)

公式 (3) の右辺を $\mathcal{L}^{-1}(F)$ と書いて，$F(s)$ の**逆ラプラス変換**という．一般に公式 (3) の積分計算は大変な労力を要する．したがって，通常は次のような手続きで $\mathcal{L}^{-1}(F)$ を求める：先ずいくつかの初等関数のラプラス変換を求めておく．次にラプラス変換についての一般的性質を調べておく．そして最後にこれらを利用して $\mathcal{L}^{-1}(F)$ を求める．以下においては (3) は使わないので，s はすべて実数に限ることとする．

A. 初等関数のラプラス変換

$\mathbf{A_1}$ $\quad \mathcal{L}(t^a)(a \geqq 0) = \displaystyle\int_0^\infty e^{-st}t^a dt \, (x = st) = \int_0^\infty e^{-x}\left(\frac{x}{s}\right)^a \frac{dx}{s}$
$$= \frac{1}{s^{a+1}}\int_0^\infty e^{-x}x^a dx = \frac{\Gamma(a+1)}{s^{a+1}} \quad (s>0).$$

$\mathbf{A_2}$ $\quad \mathcal{L}(e^{at}) = \displaystyle\int_0^\infty e^{-st}e^{at}dt = \left[\frac{-1}{s-a}e^{-(s-a)t}\right]_0^\infty = \frac{1}{s-a} \quad (s>a).$

$\mathbf{A_3}$ $\quad \mathcal{L}(e^{i\omega t}) = \dfrac{1}{s-i\omega} = \dfrac{s+i\omega}{s^2+\omega^2} = \dfrac{s}{s^2+\omega^2} + i\dfrac{\omega}{s^2+\omega^2}.$

ところが

$$\mathcal{L}(e^{i\omega t}) = \mathcal{L}(\cos\omega t + i\sin\omega t) = \mathcal{L}(\cos\omega t) + i\mathcal{L}(\sin\omega t)$$

であるから

$\mathbf{A_4}$ $\quad \mathcal{L}(\cos\omega t) = \dfrac{s}{s^2+\omega^2}, \quad \mathcal{L}(\sin\omega t) = \dfrac{\omega}{s^2+\omega^2} \quad (s>0).$

定義により

$$\cosh at = \frac{e^{at}+e^{-at}}{2}, \quad \sinh at = \frac{e^{at}-e^{-at}}{2}$$

2.4 ラプラス変換

であるから，$\mathbf{A}_2$ を使って

$\mathbf{A}_5$ $\quad \mathcal{L}(\cosh at) = \dfrac{s}{s^2 - a^2}, \quad \mathcal{L}(\sinh at) = \dfrac{a}{s^2 - a^2} \quad (s > a).$

■問1 $\Gamma(n+1) = n\Gamma(n)$，したがって $\Gamma(n+1) = n!$ となることを示せ．このことから

$$\mathcal{L}(1) = \frac{1}{s}, \quad \mathcal{L}(t) = \frac{1}{s^2}, \cdots, \mathcal{L}(t^n) = \frac{n!}{s^{n+1}} \quad (n = 1, 2, \cdots) \tag{4}$$

となることを確かめよ．

■問2 $\mathbf{A}_1$ において $a = -1/2$ とおいて

$$\mathcal{L}(t^{-1/2}) = \sqrt{\frac{\pi}{s}} \quad (s > 0) \tag{5}$$

となることを確かめよ．

B. ラプラス変換の性質

$\mathbf{B}_1$（ラプラス変換の線形性） ラプラス変換は線形である．すなわち，任意の定数 a, b に対して

$$\mathcal{L}(af + bg) = a\mathcal{L}(f) + b\mathcal{L}(g)$$

が成り立つ．

$\mathbf{B}_2$（導関数のラプラス変換） $f(t)$ は $[0, \infty)$ において $n-1$ 回連続的微分可能とする．さらに，ある γ, M に対して，$f, f', \cdots, f^{(n-1)}$ は (2) をみたし，$f^{(n)}(t)$ は $[0, \infty)$ で区分的に連続（条件 $\mathbf{C}_1, \mathbf{C}_2$）とする．このとき $s > \gamma$ に対して $f^{(n)}(t)$ のラプラス変換が存在して

$$\mathcal{L}(f^{(n)}) = s^n \mathcal{L}(f) - s^{n-1} f(0) - s^{n-2} f'(0) - \cdots - f^{(n-1)}(0)$$

で与えられる．

【証明】 $n = 1$ の場合について証明してみよう．簡単のために $f'(t)$ の不連続点は $x = x_0$ だけだったとする．$f(t)$ は $[0, \infty)$ で連続であるから，定義と部分積分により

$$\begin{aligned}
\mathcal{L}(f') &= \int_0^{x_0} e^{-st} f'(t) dt + \int_{x_0}^{\infty} e^{-st} f'(t) dt \\
&= \left[e^{-st} f(t) \right]_0^{x_0} + s \int_0^{x_0} e^{-st} f(t) dt + \left[e^{-st} f(t) \right]_{x_0}^{\infty} + s \int_{x_0}^{\infty} e^{-st} f(t) dt \\
&= s \int_0^{\infty} e^{-st} f(t) dt - f(0) = s\mathcal{L}(f) - f(0) \quad (s > \gamma).
\end{aligned}$$

$f'(t)$ の不連続点がたくさんあっても，上記のように証明できる．（証明終）

B$_3$（積分のラプラス変換） $f(t)$ は定理 2.7 の条件 (i), (ii) をみたしているとする．このとき

$$\mathcal{L}\left\{\int_0^t f(\tau)d\tau\right\} = \frac{1}{s}\mathcal{L}(f) \quad (s > \gamma).$$

【証明】 定積分

$$g(t) = \int_0^t f(\tau)d\tau$$

は明らかに連続である．さらに

$$|g(t)| \leqq \int_0^t |f(\tau)|d\tau \leqq M\int_0^t e^{\gamma\tau}d\tau = \frac{M}{\gamma}(e^{\gamma t} - 1).$$

$f(t)$ の不連続点を除けば，$g'(t) = f(t)$ である．したがって $g'(t)$ のラプラス変換が定まる．**B$_2$** から

$$\mathcal{L}(f) = \mathcal{L}(g') = s\mathcal{L}(g) - g(0) \quad (s > \gamma).$$

明らかに $g(0) = 0$ であるから，$\mathcal{L}(g) = \mathcal{L}(f)/s$ を得る．（証明終）

B$_4$（移動定理） $f(t)$ は定理 2.7 の条件をみたしているとする．$F(s) = \mathcal{L}(f)$ とするとき，

$$\mathcal{L}\{e^{at}f(t)\} = F(s-a) \quad (s-a > \gamma),$$
$$\mathcal{L}\{f(t-a)u_a(t)\} = e^{-as}F(s) \quad (s > \gamma,\ a > 0)$$

が成り立つ．ただし，$u_a(t)$ は $(-\infty, \infty)$ で定義された関数で，$u_a(t) = 0 (t < a)$, $u_a(t) = 1 (t > a)$ となる**単位階段関数**である．

B$_5$（ラプラス変換の微分積分） $f(t)$ は定理 2.7 の条件をみたしているとする．$F(s) = \mathcal{L}(f)$ とするとき

$$\mathcal{L}\{tf(t)\} = -F'(s) \quad (s > \gamma),$$
$$\mathcal{L}\left\{\frac{1}{t}f(t)\right\} = \int_s^\infty F(\sigma)d\sigma \quad (s > \gamma)$$

が成り立つ．ただし，$t \to 0$ のとき $f(t)/t$ の極限が存在するものとする．

【証明】 第 1 式を示すには $F(s)$ の定義式を微分すればよい．第 2 式については，積分順序を交換することによって

2.4 ラプラス変換

$$\int_s^\infty F(\sigma)d\sigma = \int_s^\infty \left\{\int_0^\infty e^{-\sigma t}f(t)dt\right\}d\sigma = \int_0^\infty f(t)\left\{\int_s^\infty e^{-\sigma t}d\sigma\right\}dt$$
$$= \int_0^\infty e^{-st}\frac{f(t)}{t}dt = \mathcal{L}\left\{\frac{1}{t}f(t)\right\}.$$
(証明終)

■**問 3** $\mathbf{B}_2$ を数学的帰納法によって証明せよ．

■**問 4** 単位階段関数 $u_a(t)(a \geqq 0)$ のラプラス変換は

$$\mathcal{L}\{u_a(t)\} = \frac{e^{-as}}{s} \quad (s > 0) \tag{6}$$

であることを示せ．

例題 2.6 次の関数 $f(t)$ のラプラス変換を求めよ．
(i) $f(t) = \cos^2 t$ (ii) $f(t) = t\sin 2t$

解 (i) $\cos^2 t = (1 + \cos 2t)/2$ と変形して，$\mathbf{A}_1, \mathbf{B}_1$ そして $\mathbf{A}_4$ を利用して

$$\mathcal{L}(\cos^2 t) = \frac{1}{2}(\mathcal{L}(1) + \mathcal{L}(\cos 2t)) = \frac{1}{2}\left(\frac{1}{s} + \frac{s}{s^2+4}\right) = \frac{2(s^2+1)}{s(s^2+4)}.$$

(ii) $\mathbf{B}_5$ によって

$$\mathcal{L}(t\sin 2t) = -\frac{d}{ds}\mathcal{L}(\sin 2t).$$

次に $\mathbf{A}_4$ を使って

$$\mathcal{L}(t\sin 2t) = -\frac{d}{ds}\left(\frac{2}{s^2+4}\right) = \frac{4s}{(s^2+4)^2}.$$
(解終)

例題 2.7 次の関数 $F(s)$ の逆ラプラス変換を求めよ．
(i) $F(s) = \dfrac{e^{-s}}{s^2+\omega^2}$ ($\omega > 0$) (ii) $F(s) = \dfrac{1}{(s+1)^2}$

解 (i) $\mathbf{A}_4$ によって

$$\mathcal{L}\left(\frac{\sin\omega t}{\omega}\right) = \frac{1}{s^2+\omega^2}.$$

$\mathbf{B}_4$ を使って

$$\frac{e^{-s}}{s^2+\omega^2} = e^{-s}\mathcal{L}\left(\frac{\sin\omega t}{\omega}\right) = \mathcal{L}\left\{\frac{\sin\omega(t-1)}{\omega}u_1(t)\right\}.$$

よって

$$\mathcal{L}^{-1}\left(\frac{e^{-s}}{s^2+\omega^2}\right) = \begin{cases} 0 & (t<1) \\ \dfrac{1}{\omega}\sin\omega(t-1) & (t>1). \end{cases}$$

(ii) $\mathbf{A}_1$ により $\mathcal{L}(t) = 1/s^2$. $\mathbf{B}_4$ によって

$$\mathcal{L}(te^{-t}) = \frac{1}{(s+1)^2}.$$

よって

$$\mathcal{L}^{-1}\left(\frac{1}{(s+1)^2}\right) = te^{-t}. \hspace{2em} \text{(解終)}$$

例題 2.8 次の微分方程式の初期値問題を解け．
(i) $y'' + 2y' + 10y = 0$, $\quad y(0) = 2$, $\quad y'(0) = -4$
(ii) $y'' + y' - 6y = r(t)$, $\quad y(0) = 0$, $\quad y'(0) = 0$,
ここで $r(t) = 1(0 < t < 1)$, $r(t) = 0(t > 1)$ である．

解 (i) $Y = \mathcal{L}(y)$ とおいて，$\mathbf{B}_1$ と $\mathbf{B}_2$ から

$$\begin{aligned}\mathcal{L}(y'' + 2y' + 10y) &= \mathcal{L}(y'') + 2\mathcal{L}(y') + 10\mathcal{L}(y) \\ &= s^2 Y - 2s + 4 + 2(sY - 2) + 10Y \\ &= (s^2 + 2s + 10)Y - 2s = \{(s+1)^2 + 9\}Y - 2s.\end{aligned}$$

よって

$$Y = \frac{2s}{(s+1)^2+9} = \frac{2(s+1)-2}{(s+1)^2+3^2} = 2\frac{s+1}{(s+1)^2+3^2} - \frac{2}{3}\cdot\frac{3}{(s+1)^2+3^2}.$$

$\mathbf{A}_4$ と $\mathbf{B}_4$ を使って

$$\begin{aligned}Y(s) &= 2\mathcal{L}(\cos 3t)(s+1) - \frac{2}{3}\mathcal{L}(\sin 3t)(s+1) \\ &= \mathcal{L}\left(2e^{-t}\cos 3t - \frac{2}{3}e^{-t}\sin 3t\right).\end{aligned}$$

求めるべき解は

2.4 ラプラス変換

$$y = 2e^{-t}\cos 3t - \frac{2}{3}e^{-t}\sin 3t$$

である．

(ii) $r(t) = 1 - u_1(t)$ であるから，(6) を用いて

$$s^2 Y + sY - 6Y = \mathcal{L}\{1 - u_1(t)\} = \frac{1}{s} - \frac{e^{-s}}{s}.$$

よって

$$(s-2)(s+3)Y = \frac{1}{s}(1 - e^{-s}).$$

したがって

$$F(s) = \frac{1}{s(s-2)(s+3)} \quad \text{とおいて} \quad Y(s) = F(s)(1 - e^{-s})$$

となる．$F(s)$ を部分分数に分解する．すなわち

$$F(s) = \frac{A}{s} + \frac{B}{s-2} + \frac{C}{s+3}$$

をみたすように未定定数 A, B, C を定めればよい．これを通分して，その分子を 1 とおくと

$$(A+B+C)s^2 + (A+3B-2C)s - 6A = 1.$$

これがすべての s に対して成り立つようにするには

$$A+B+C = 0, \quad A+3B-2C = 0, \quad -6A = 1$$

なる連立方程式を解けばよい．それを解いて

$$F(s) = \frac{1}{30}\left(\frac{-5}{s} + \frac{3}{s-2} + \frac{2}{s+3}\right).$$

$\mathbf{A}_2$ を使って

$$f(t) = \mathcal{L}^{-1}(F) = \frac{1}{30}(-5 + 3e^{2t} + 2e^{-3t}).$$

移動定理 $\mathbf{B}_4$ により

$$e^{-s}F(s) = \mathcal{L}\{f(t-1)u_1(t)\}.$$

したがって

$$Y(s) = (1-e^{-s})F(s) = \mathcal{L}\{f(t) - f(t-1)u_1(t)\}.$$

よって求めるべき解 $y(t)$ は

$$\begin{aligned} y(t) &= \mathcal{L}^{-1}(Y) = f(t) - f(t-1)u_1(t) \\ &= \begin{cases} (3e^{2t} + 2e^{-3t} - 5)/30 & (t < 1) \\ (K_1 e^{2t} + K_2 e^{-3t} - 5)/30 & (t > 1). \end{cases} \end{aligned}$$

ここで, $K_1 = 3(1-e^{-2})$, $K_2 = 2(1-e^3)$ である. (解終)

例題 2.9 次の変換を計算せよ.

(i) $\mathcal{L}(t\cosh t)$ (ii) $\mathcal{L}^{-1}\left(\log\dfrac{s}{s-1}\right)$

解 性質 $\mathbf{B}_5$ を使う. (i) $\mathbf{A}_5$ により

$$\mathcal{L}(\cosh t) = \frac{s}{s^2-1}.$$

よって

$$\mathcal{L}(t\cosh t) = -\frac{d}{ds}\left(\frac{s}{s^2-1}\right) = \frac{s^2+1}{(s^2-1)^2}.$$

(ii) 微分して

$$F(s) = \frac{d}{ds}\left(\log\frac{s}{s-1}\right) = \frac{1}{s} - \frac{1}{s-1}.$$

$\mathbf{A}_2$ より

$$f(t) = \mathcal{L}^{-1}(F) = 1 - e^t.$$

$t \to 0$ のとき $f(t)/t \to -1$ であるから

$$\mathcal{L}^{-1}\left(\log\frac{s}{s-1}\right) = \mathcal{L}^{-1}\left\{\int_s^\infty \left(\frac{1}{\sigma} - \frac{1}{\sigma-1}\right)d\sigma\right\} = \frac{f(t)}{t} = \frac{1-e^t}{t}.$$

(解終)

演習問題

1 次によって定義された周期 2π の周期関数をフーリエ級数に展開せよ.

(i) $f(x) = x \quad (|x| < \pi)$　　　(ii) $f(x) = \begin{cases} 0 & (-\pi < x < 0) \\ x & (0 < x < \pi) \end{cases}$

(iii) $f(x) = \begin{cases} 1 & (|x| < \pi/2) \\ 0 & (\pi/2 < x < 3\pi/2) \end{cases}$　(iv) $f(x) = \begin{cases} -\pi - x & (-\pi < x < 0) \\ \pi - x & (0 < x < \pi) \end{cases}$

(v) $f(x) = \begin{cases} -1 & (-\pi < x < 0) \\ 1 & (0 < x < \pi) \end{cases}$　(vi) $f(x) = e^{|x|} \quad (|x| < \pi)$

2 前問の (iii) での展開式を使って次の等式を導け．
$$1 - \frac{1}{3} + \frac{1}{5} - \frac{1}{7} + \cdots = \frac{\pi}{4}.$$

3 $f(t)$ が周期 T の周期関数ならば $f(Tx/2\pi)$ は x について周期 2π の周期関数である．このことを使って
$$f(t) = \frac{a_0}{2} + \sum_{n=1}^{\infty} a_n \cos\frac{2n\pi t}{T} + b_n \sin\frac{2n\pi t}{T}$$
なるフーリエ級数を導け．ただし，フーリエ係数は
$$a_n = \frac{1}{T}\int_{-T/2}^{T/2} f(t)\cos\frac{2n\pi t}{T} dt \quad (n=0,1,2,\cdots),$$
$$b_n = \frac{1}{T}\int_{-T/2}^{T/2} f(t)\sin\frac{2n\pi t}{T} dt \quad (n=1,2,\cdots)$$
であることを示せ．

4 区間 $[0,l]$ で定義された関数 $f(t)$ を $-l < t < 0$ まで
$$f_1(t) = \begin{cases} f(t) & (0 < t < l) \\ f(-t) & (-l < t < 0) \end{cases}, \quad f_2(t) = \begin{cases} f(t) & (0 < t < l) \\ -f(-t) & (-l < t < 0) \end{cases}$$
のように拡張して，偶関数 f_1 と奇関数 f_2 を作る．このとき，f_1 と f_2 をフーリエ級数に展開して，$f(t)$ の**フーリエ余弦級数**と**フーリエ正弦級数**
$$f(t) = \frac{a_0}{2} + \sum_{n=1}^{\infty} a_n \cos nx \quad \left(0 < t < l,\ a_n = \frac{2}{l}\int_0^l f(t)\cos\frac{n\pi t}{l} dt\right),$$
$$f(t) = \sum_{n=1}^{\infty} b_n \sin nx \quad \left(0 < t < l,\ b_n = \frac{2}{l}\int_0^l f(t)\sin\frac{n\pi t}{l} dt\right)$$
を導け．

5 フーリエ三角級数（2.2 節の (1)）はオイラーの公式を使って
$$f(x) = \sum_{n=-\infty}^{\infty} c_n e^{inx}, \quad c_n = \frac{1}{2\pi}\int_{-\pi}^{\pi} f(x) e^{-inx} dx \quad (n=0,\pm 1,\pm 2,\cdots)$$

となることを示せ（この級数を**フーリエ級数の複素形式**といい，c_n を $f(x)$ の**複素フーリエ係数**という）．

6 複素フーリエ級数におけるベッセルの不等式は次の形で書けることを示せ．
$$\sum_{n=-\infty}^{\infty} |c_n|^2 \leqq \frac{1}{2\pi} \int_{-\pi}^{\pi} |f(x)|^2 dx.$$

7 次の関数は周期 2π の周期関数である．それらを複素フーリエ級数に展開せよ．
(i) $f(x) = x \quad (|x| < \pi)$ 　(ii) $f(x) = \begin{cases} -1 & (-\pi < x < 0) \\ 1 & (0 < x < \pi) \end{cases}$

8 周期 2π の周期関数 $f(x)$ が k 回連続的微分可能ならば，そのフーリエ係数 a_n, b_n に関して，$|a_n| \leqq 2M_k/n^k, |b_n| \leqq 2M_k/n^k (n \geqq 1)$ が成り立つことを証明せよ．ただし，定数 M_k は $|f^{(k)}(x)|$ の $|x| \leqq \pi$ における最大値である．したがって $k \geqq 2$ ならば定理 2.3 の結論がすべて成り立っていることを確かめよ．

9 次の関数 $f(x)$ を偶関数および奇関数に拡張して，2.3 節の問 1 の形に表示せよ．
(i) $f(x) = \begin{cases} \pi/2 & (0 < x < \pi) \\ 0 & (x > \pi) \end{cases}$ 　(ii) $f(x) = \begin{cases} x & (0 < x < a) \\ 0 & (x > a) \end{cases}$

10 フーリエ積分表示（2.3 節の問 1）を用いて次の等式が成り立つことを示せ．
(i) $\displaystyle\int_0^\infty \frac{\sin \pi\xi \sin x\xi}{1-\xi^2} d\xi = \begin{cases} \dfrac{\pi}{2}\sin x & (0 \leqq x \leqq \pi) \\ 0 & (x > \pi) \end{cases}$

(ii) $\displaystyle\int_0^\infty \frac{\cos x\xi}{1+\xi^2} d\xi = \frac{\pi}{2} e^{-x} \quad (x > 0)$

11 定理 2.5 で述べたフーリエの積分表示 (4) から**フーリエの積分公式**
$$f(x) = \lim_{M \to \infty} \frac{1}{\pi} \int_{-\infty}^{\infty} F(t) \frac{\sin M(x-t)}{x-t} dt$$
を導け（2.3 節問 2 の (9) 参照）．

12 $f(x)$ は $-\infty < x < \infty$ で 2 回連続的微分可能な関数で，$|x| > a (a > 0)$ では $f(x) = 0$ である．このとき次の命題を証明せよ．
(i) $T > 2a$ なる T に対して
$$f_T(x \pm nT) = f(x) \quad (|x| < a, n = 1, 2, \cdots)$$
によって定義される周期 T の周期関数のフーリエ級数は，大きな数 M に対して T と自然数 N を $2\pi N/T = M$ となるように選ぶと
$$f_T(x) = \frac{M}{2N} h_x(0) + \sum_{n=1}^{\infty} \frac{M}{N} h_x\left(\frac{nM}{N}\right) \quad \left(h_x(\xi) = \frac{1}{\pi} \int_{-a}^{a} f(t) \cos \xi(x-t) dt\right)$$

演習問題

と書ける.
(ii) 次の不等式が成り立つ. ただし C はある定数である.

$$|h_x(\xi)| \leq \frac{C}{\xi^2} \quad (-\infty < \xi < \infty), \qquad \sum_{n=1}^{\infty} \frac{1}{(N+n)^2} \leq \frac{1}{N}.$$

(iii) (i) で得られた $f_T(x)$ のフーリエ級数で, M を固定して, $N \to \infty (T \to \infty)$ として

$$\left| f(x) - \int_0^M h_x(\xi) d\xi \right| \leq \frac{C}{M}$$

が成り立ち, $M \to \infty$ として $f(x)$ のフーリエ積分表示（問題 11 を見よ）を得る.

13 2 つの関数 $f(x)$ と $xf(x)$ が共に可積分ならば

$$\mathcal{F}\{xf(x)\} = i\frac{d}{d\xi}\mathcal{F}(f)$$

が成り立つことを証明せよ.

14 次の $F(s)$ に対して逆ラプラス変換 $\mathcal{L}^{-1}(F)$ を求めよ.

(i) $F(s) = \dfrac{1}{s^2 + 25}$ (ii) $F(s) = \dfrac{1}{s(s-1)^2}$

(iii) $F(s) = \dfrac{4}{(s+1)(s+2)}$ (iv) $F(s) = \log \dfrac{s}{s-1}$

(v) $F(s) = \dfrac{2(e^{-2s} - e^{-4s})}{s}$ (vi) $F(s) = \dfrac{2s}{(s^2+4)^2}$

15 ラプラス変換を使って, 次の初期値問題を解け.
(i) $y'' - 4y' + 5y = 0, \quad y(0) = 1, \quad y'(0) = 2$
(ii) $y'' + 4y' + 4y = t, \quad y(0) = 0, \quad y'(0) = 0$
(iii) $y'' + 2y = r(t), \quad y(0) = 0, \quad y'(0) = 0$
(iv) $4y'' - 8y' + 5y = 0, \quad y(0) = 0, \quad y'(0) = 1$
ただし $r(t) = 1 \ (0 < t < 1), \quad r(t) = 0 \ (t < 0, t > 1)$ である.

16 次の関数 $f(t)$ のラプラス変換を求めよ.

(i) $f(t) = 2te^t$ (ii) $f(t) = e^{-2t}\cos t$

(iii) $f(t) = t\sinh 2t$ (iv) $f(t) = te^{-2t}\sin \omega t$

17 2 つの関数 $f(t)$ と $g(t)$ は定理 2.7 の仮定をみたしているとする. このとき, f と g の合成積

$$h(t) = (f * g)(t) = \int_0^t f(\tau)g(t-\tau)d\tau$$

のラプラス変換は f と g のラプラス変換 $F(s)$ と $G(s)$ の積に等しいことを示せ.

18 a を正の定数とするとき,

$$\mathcal{L}\left(\frac{1}{2\sqrt{\pi t}}e^{-a^2/4t}\right) = \frac{e^{-a\sqrt{s}}}{2\sqrt{s}} \quad (s > 0)$$

となることを示せ.

19 関数 $f(t) = e^{-t}(t > 0),\ = 0(t = 0),\ = -e^t(t < 0)$ のフーリエ変換 $\hat{f}(\xi)$ を求め, 反転公式を適用して次のフーリエ積分表示を導け.

$$f(t) = \frac{2}{\pi}\int_0^\infty \frac{\sin \xi t}{1+\xi^2}d\xi. \qquad \text{(名大工)}$$

3 双曲型偏微分方程式

3.1 コーシー問題

第 1 章の 1.1 節の例 11 に掲げた波動方程式において，空間変数が x だけのものを **1 次元波動方程式**という．ここでは $c = 1$ としたもの，すなわち

$$u_{tt} - u_{xx} = 0 \tag{1}$$

なる方程式を考えよう．第 1 章の定理 1.2 によれば，これは双曲型方程式の標準形において $k = 0$, $g = 0$ および $X = x$, $Y = t$ とおいたものである．

方程式 (1) は次のようにして簡単に解くことができる．まず変数 x, t を

$$\xi = x + t, \quad \eta = x - t$$

によってとりかえれば，方程式 (1) は

$$u_{\xi\eta} = 0$$

にかわることは明らかである（1.5 節の問 3 を参照）．$u_{\xi\eta} = (u_\xi)_\eta = 0$ より u_ξ は η を含まない ξ だけの関数である．これを $u_\xi = f(\xi)$ とおく．$f(\xi)$ の 1 つの原始関数を $F(\xi)$ とすれば，$(u - F(\xi))_\xi = 0$ を得る．よって $u - F(\xi)$ は η だけの関数 $G(\eta)$ に等しいことがわかる．よって $u = F(\xi) + G(\eta)$ を得る．変数を x, t にもどして

$$u(x,t) = F(x+t) + G(x-t) \tag{2}$$

である．すなわち方程式 (1) のすべての解が (2) という形に書けることがわかった．この意味で (2) を方程式 (1) の**一般解**という．

■**問 1** F, G が 2 回連続的微分可能ならば，(2) によってきまる u は方程式 (1) をみたしていることを示せ．

次に一般解 (2) を用いて，**初期条件**

$$u(x,0) = \varphi(x), \quad u_t(x,0) = \psi(x) \tag{3}$$

をみたす方程式 (1) の解を求めてみよう．それには (3) をみたすように F, G を決めればよい．すなわち

$$\begin{cases} u(x,0) = F(x) + G(x) = \varphi(x) \\ u_t(x,0) = F'(x) - G'(x) = \psi(x) \end{cases} \tag{4}$$

から F, G を求めればよい．(4) の第 1 式を微分した式と (4) の第 2 式から

$$F'(x) = \frac{\varphi'(x) + \psi(x)}{2}, \quad G'(x) = \frac{\varphi'(x) - \psi(x)}{2}$$

を得る．これらを積分して

$$\begin{cases} F(x) = \dfrac{\varphi(x)}{2} + \dfrac{1}{2}\int_0^x \psi(s)ds + c_1 \\ G(x) = \dfrac{\varphi(x)}{2} - \dfrac{1}{2}\int_0^x \psi(s)ds + c_2 \end{cases}$$

となる．ここで c_1, c_2 は積分定数である．この 2 つの式を加えて $F(x)+G(x) = \varphi(x) + c_1 + c_2$ となり，(4) の第 1 式から $c_1 + c_2 = 0$ なることがわかる．よって (2) から，コーシー問題 (1)-(3) の解は

$$u(x,t) = \frac{\varphi(x+t) + \varphi(x-t)}{2} + \frac{1}{2}\int_{x-t}^{x+t} \psi(s)ds \tag{5}$$

となることがわかる．

■**問 2** φ および ψ がそれぞれ 2 回および 1 回連続的微分可能ならば (5) で与えられた u は (1) と (3) をみたしていることを示せ．

点 (x_0, t_0) を通る，方程式 (1) の特性線は

$$\begin{cases} x + t = x_0 + t_0 \\ x - t = x_0 - t_0 \end{cases}$$

の 2 本であり，それらは x 軸上で $x = x_0 - t_0$ および $x = x_0 + t_0$ で交わっている．(5) 式によれば (x_0, t_0) における u の値はその 2 つの交点 $x_0 - t_0$ と $x_0 + t_0$ との間の初期値 φ, ψ だけによって決まっている．その意味で $x_0 - t_0$ と $x_0 + t_0$ を結ぶ x 軸上の線分を点 (x_0, t_0) の**依存領域**という（図 3.1）．x 軸上の点 P における初期値によって $u(x,t)$ の値が影響を受けるような (x,t) の集まりを点 P の**影響領域**と呼んでいる．これは明らかに点 P から出ている 2 本の特性線によって囲まれた点 (x,t) の集まりである（図 3.2 のグレーの部分）．

3.1 コーシー問題

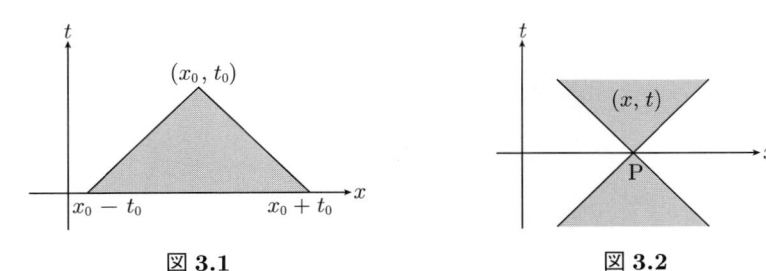

図 3.1

図 3.2

■**問 3** 閉区間 $[x_0 - t_0, x_0 + t_0]$ で $\varphi(x) = 0$ および $\psi(x) = 0$ ならば，コーシー問題 (1)-(3) の解は図 3.1 のグレーの部分で零となることを確かめよ．

例題 3.1 $y = \varphi(x)$ のグラフは図 3.3 で与えられているとし，$u(x,t)$ はコーシー問題
$$\begin{cases} u_{tt} - u_{xx} = 0 \\ u(x,0) = \varphi(x), \quad u_t(x,0) = 0 \end{cases}$$
の解とする．このとき $t(>2)$ を固定して得られる $y = u(x,t)$ のグラフを書け．

解 (5) により
$$u(x,t) = \frac{\varphi(x+t)}{2} + \frac{\varphi(x-t)}{2}$$
である．$y = \varphi(x+t)/2$ および $y = \varphi(x-t)/2$ のグラフは $y = \varphi(x)/2$ のグラフを x 軸に沿って，それぞれ $-t$ および t だけ平行移動して得られる．よって求めるべきグラフは図 3.3 の t および $-t$ 上の点線である． (解終)

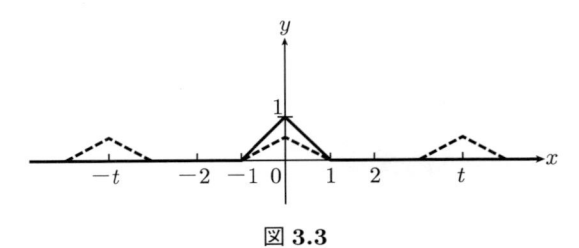

図 3.3

次に関数 $f(x,t)$ が与えられているとき，**非斉次波動方程式**
$$u_{tt} - u_{xx} = f(x,t) \tag{6}$$

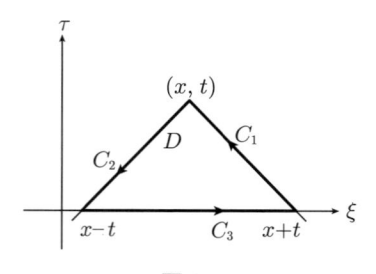

図 3.4

に対するコーシー問題を考えよう．すなわち初期条件 (3) をみたす方程式 (6) の解を，1.6 節でのべた積分公式を用いて求めてみよう．いま (6) と (3) をみたす 2 回連続的微分可能な関数 $u(x,t)$ があったとする．点 (x,t) を通る 2 本の特性線と x 軸とで囲まれた領域を D とし，その境界 C が C_1, C_2, C_3 からなっているとする（図 3.4）．(6) の両辺を D で積分する．1.6 節の平面におけるガウスの公式 (2″) において，$x = \xi$, $y = \tau$，そして $g = u_\xi$, $f = u_\tau$ として

$$\iint_D f(\xi,\tau)d\xi d\tau = -\iint_D \{(u_\xi)_\xi - (u_\tau)_\tau\}d\xi d\tau$$
$$= -\left(\int_{C_1} + \int_{C_2} + \int_{C_3}\right) u_\xi d\tau + u_\tau d\xi$$

を得る．C_1 上では $d\xi = -d\tau$ であるから

$$-\int_{C_1} u_\xi d\tau + u_\tau d\xi = \int_{C_1} u_\xi d\xi + u_\tau d\tau = \int_{C_1} du = u(x,t) - u(x+t,0)$$

となり，C_2 上では $d\xi = d\tau$ であるから

$$-\int_{C_2} u_\xi d\tau + u_\tau d\xi = -\int_{C_2} u_\xi d\xi + u_\tau d\tau = -\int_{C_2} du = u(x,t) - u(x-t,0)$$

となり，C_3 上では $d\tau = 0$ であることから，結局

$$\iint_D f(\xi,\tau)d\xi d\tau = 2u(x,t) - u(x+t,0) - u(x-t,0) - \int_{x-t}^{x+t} u_\tau d\xi$$

を得る．こうして条件 (3) から

$$u(x,t) = \frac{\varphi(x+t) + \varphi(x-t)}{2} + \frac{1}{2}\int_{x-t}^{x+t} \psi(\xi)d\xi + \frac{1}{2}\iint_D f(\xi,\tau)d\xi d\tau$$
(7)

3.1 コーシー問題

となっていることがわかった．上式 (7) の右辺の最後の項を $v(x,t)$ とおけば

$$v(x,t) = \frac{1}{2}\int_0^t d\tau \int_{x-(t-\tau)}^{x+(t-\tau)} f(\xi,\tau)d\xi$$

と書ける．よって $f(x,t)$ が (x,t) に関して連続的微分可能ならば

$$v_t(x,t) = \frac{1}{2}\int_0^t \{f(x+t-\tau,\tau) + f(x-t+\tau,\tau)\}d\tau,$$

$$v_{tt}(x,t) = f(x,t) + \frac{1}{2}\int_0^t \{f_x(x+t-\tau,\tau) - f_x(x-t+\tau,\tau)\}d\tau,$$

$$v_x(x,t) = \frac{1}{2}\int_0^t \{f(x+t-\tau,\tau) - f(x-t+\tau,\tau)\}d\tau$$

そして

$$v_{xx}(x,t) = \frac{1}{2}\int_0^t \{f_x(x+t-\tau,\tau) - f_x(x-t+\tau,\tau)\}d\tau,$$

を得る．よって

$$v_{tt} - v_{xx} = f, \quad v(x,0) = v_t(x,0) = 0 \tag{8}$$

をみたしていることがわかる．

以上のことより次の定理が証明されたことになる．

定理 3.1 $\varphi(x)$ は 2 回連続的微分可能，$\psi(x)$ は連続的微分可能，そして $f(x,t)$ は x,t に関して連続的微分可能ならば，コーシー問題 (6)-(3) はただ 1 つの解をもち，それは

$$u(x,t) = \frac{\varphi(x+t) + \varphi(x-t)}{2} + \frac{1}{2}\int_{x-t}^{x+t} \psi(\xi)d\xi$$

$$+ \frac{1}{2}\int_0^t d\tau \int_{x-(t-\tau)}^{x+(t-\tau)} f(\xi,\tau)d\xi \tag{9}$$

で与えられる．

■**問 4** 上の定理において，(9) で与えられる u が実際に (6) と (3) をみたしていることを確かめよ．

例題 3.2 初期条件 $u(x,0) = \cos x$, $u_t(x,0) = x$ をみたす方程式 $u_{tt} - u_{xx} = 1$ の解を求めよ.

解 $u(x,t) = F(x+t) + G(x-t)$ とおけば初期条件より

$$F(x) + G(x) = \cos x, \quad F'(x) - G'(x) = x$$

となり, 最初の式を微分して $F'(x) + G'(x) = -\sin x$ を得る. これと 2 番目の式とから

$$F'(x) = \frac{(x - \sin x)}{2}, \quad G'(x) = -\frac{(x + \sin x)}{2}$$

となる. これらを積分して

$$F(x) = \frac{1}{2}\left(\frac{x^2}{2} + \cos x\right), \quad G(x) = -\frac{1}{2}\left(\frac{x^2}{2} - \cos x\right)$$

ととれば, $F(x) + G(x) = \cos x$ も同時にみたしていることがわかる. こうして

$$\begin{aligned}u_0(x,t) &= \frac{1}{2}\left(\frac{(x+t)^2}{2} + \cos(x+t)\right) - \frac{1}{2}\left(\frac{(x-t)^2}{2} - \cos(x-t)\right) \\ &= xt + \cos x \cdot \cos t\end{aligned}$$

が与えられた初期条件をみたす方程式 $u_{tt} - u_{xx} = 0$ の解である. よって求めるべき解は

$$\begin{aligned}u(x,t) &= u_0(x,t) + \frac{1}{2}\int_0^t d\tau \int_{x-(t-\tau)}^{x+(t-\tau)} d\xi \\ &= xt + \cos x \cdot \cos t + \frac{t^2}{2}\end{aligned}$$

である. (解終)

3.2 混合問題

コーシー問題以外に, 波動方程式

$$u_{tt} - u_{xx} = 0 \tag{1}$$

の解を一意的に解くことを可能ならしめる付帯条件について考えよう. もちろん,

3.2 混合問題

これは方程式 (1) をどんな領域で解くかに依存している．以下では $x>0, t>0$ で決まる領域（I の場合）と $0<x<L, t>0$ で決まる領域（II の場合）とにおいて方程式 (1) の解はいかにして一意的に決まるかを考えよう（これ以外の領域の場合については演習問題の 6 を参照）．

I $x>0, t>0$ で決まる領域で方程式 (1) の解を考えよう．この場合には $x>0$ における**初期条件**

$$u(x,0) = \varphi(x), \quad u_t(x,0) = \psi(x) \quad (x>0) \tag{2}$$

をみたしているというだけでは，解はその領域において一意的には決まらないことは次の例からもわかる

■**例1** $x \geqq t$ においては $u_1(x,t)=0$, $x<t$ においては $u_1(x,t)=(t-x)^2$ によって決まる関数 $u_1(x,t)$ は初期条件

$$u(x,0) = 0, \quad u_t(x,0) = 0 \quad (x>0)$$

をみたす方程式 (1) の解である．他方，$u_2(x,t) \equiv 0$ も上と同じ初期条件をみたす (1) の解である． （例終）

(1) の解を一意的に決めるには初期条件 (2) の外に $x=0$ (t 軸) の上での条件が必要である．$x=0$ は空間領域 $x>0$ の境界であるから，この条件を**境界条件**という．境界条件としては普通

$$u(0,t) = 0 \quad (t>0) \tag{3}$$

または，

$$u_x(0,t) = 0 \quad (t>0) \tag{3'}$$

などが考えられる．このように初期条件 (2) と境界条件 (3)（または (3')）とを同時にみたす方程式 (1) の解を求めよという問題を**混合問題**という．以下においては境界条件としては (3) の場合だけをとりあげるが，それは (3') の場合もほとんど同じように論ずることができるからである．

混合問題 (1)-(2)-(3) をとくために

$$u(x,t) = F(x+t) + G(x-t)$$

とおいて，これが条件 (2), (3) をみたすように F, G を決めることができれば

よい. $x > 0, t > 0$ においては $x + t > 0, -\infty < x - t < \infty$ であるから, $x > 0$ において $F(x)$ を, $-\infty < x < \infty$ において $G(x)$ を決めればよい.

条件 (2) から

$$F(x) + G(x) = \varphi(x), \quad F'(x) - G'(x) = \psi(x) \quad (x > 0)$$

でなければならない. 3.1 節ですでに示したようにこれらから

$$\begin{cases} F(x) = \dfrac{\varphi(x)}{2} + \dfrac{1}{2}\displaystyle\int_0^x \psi(\xi)d\xi & (x > 0) \\ G(x) = \dfrac{\varphi(x)}{2} - \dfrac{1}{2}\displaystyle\int_0^x \psi(\xi)d\xi & (x > 0) \end{cases} \qquad (4)$$

を得る. 同様に (3) から

$$F(t) + G(-t) = 0 \quad (t > 0)$$

を得る. よって (4) から

$$G(x) = -F(-x) = -\frac{\varphi(-x)}{2} - \frac{1}{2}\int_0^{-x} \psi(\xi)d\xi \quad (x < 0)$$

となる. かくして

$$u(x,t) = \begin{cases} \dfrac{\varphi(x+t) + \varphi(x-t)}{2} + \dfrac{1}{2}\displaystyle\int_{x-t}^{x+t} \psi(\xi)d\xi & (x > t) \\ \dfrac{\varphi(x+t) - \varphi(t-x)}{2} + \dfrac{1}{2}\displaystyle\int_{t-x}^{x+t} \psi(\xi)d\xi & (x < t) \end{cases} \qquad (5)$$

が求める解であることがわかる. $\varphi(x), \psi(x)$ を奇関数となるように $x < 0$ まで拡張して得られる関数をそれぞれ $\Phi_1(x), \Psi_1(x)$ とする. すなわち

$$\Phi_1(x) = \begin{cases} \varphi(x) & (x > 0) \\ -\varphi(-x) & (x < 0) \end{cases}, \quad \Psi_1(x) = \begin{cases} \psi(x) & (x > 0) \\ -\psi(-x) & (x < 0) \end{cases}$$

としたとき, すべての x に対して

$$G(x) = \frac{\Phi_1(x)}{2} - \frac{1}{2}\int_0^x \Psi_1(\xi)d\xi$$

と書けるので, 公式 (5) はすべての x, t に対して

3.2 混合問題

$$u(x,t) = \frac{\Phi_1(x+t) + \Phi_1(x-t)}{2} + \frac{1}{2}\int_{x-t}^{x+t} \Psi_1(\xi)d\xi$$

と書くこともできる．これはまた初期条件

$$u(x,0) = \Phi_1(x), \quad u_t(x,0) = \Psi_1(x) \tag{6}$$

をみたすコーシー問題の解でもある．

かくして次の定理を得る．

定理 3.2 混合問題 (1)-(2)-(3) の解はただ 1 つ存在し，それは初期条件 (6) をみたすコーシー問題の解に等しい．

■**問 1** (5) で与えられた $u(x,t)$ が直線 $x = t$ の上で連続的につながっているのは $\varphi(0) = 0$ のときに限ることを示せ．

例題 3.3 次の混合問題
$$\begin{cases} u_{tt} - u_{xx} = 0 & (x > 0, \quad t > 0) \\ u(x,0) = x^2, \quad u_t(x,0) = 1 & (x > 0) \\ u(0,t) = 0 & (t > 0) \end{cases}$$
を解け．

解 $u(x,t) = F(x+t) + G(x-t)$ とおいて，初期条件と境界条件とより，$x > 0$, $t > 0$ に対して

$$F(x) + G(x) = x^2, \quad F'(x) - G'(x) = 1, \quad F(t) + G(-t) = 0$$

を得る．最初の式を微分して $F'(x) + G'(x) = 2x$ となる．これと 2 番目の式とから

$$F'(x) = (2x+1)/2, \quad G'(x) = (2x-1)/2 \quad (x > 0)$$

となる．これらを積分して，

$$F(x) = (x^2 + x)/2, \quad G(x) = (x^2 - x)/2 \quad (x > 0)$$

ととれば，$F(x) + G(x) = x^2$ もみたしていることがわかる．$G(-x) = -F(x)\, (x > 0)$ となることから

$$G(-x) = -(x^2 + x)/2 \quad (x > 0)$$

となることがわかる．こうして

$$u(x,t) = \begin{cases} \dfrac{(x+t)^2 + (x+t)}{2} + \dfrac{(x-t)^2 - (x-t)}{2} = x^2 + t^2 + t & (x > t) \\ \dfrac{(x+t)^2 + (x+t)}{2} - \dfrac{(t-x)^2 + (t-x)}{2} = 2xt + x & (x < t) \end{cases}$$

が求める解である． (解終)

■**問 2** 混合問題 (1)-(2)-(3′) の解はただ 1 つ存在し，それは初期条件

$$u(x,0) = \begin{cases} \varphi(x) & (x > 0), \\ \varphi(-x) & (x < 0), \end{cases} \qquad u_t(x,0) = \begin{cases} \psi(x) & (x > 0) \\ \psi(-x) & (x < 0) \end{cases}$$

をみたすコーシー問題の解に等しいことを証明せよ．

II 有限な区間 $0 < x < L$ において**初期条件**

$$u(x,0) = \varphi(x), \quad u_t(x,0) = \psi(x) \quad (0 < x < L) \tag{7}$$

をみたし，$x = 0$ 上と $x = L$ 上とで**境界条件**

$$u(0,t) = 0, \quad u(L,t) = 0 \tag{8}$$

または，

$$u_x(0,t) = 0, \quad u_x(L,t) = 0 \tag{8′}$$

をみたす方程式 (1) の解を領域 $0 < x < L$, $t > 0$ で求めよという**混合問題**を考えよう．両端を固定された長さ L の弦の振動はまさしくこの混合問題 (1)-(7)-(8) の解によって表されるのである（演習問題 18 参照）．以下においては境界条件 (8) のもとにこの混合問題の解の一意性 (A) とその解の 2 つの相異なる作り方 (B, C) とをのべることにする．境界条件を (8′) に置き換えても，以下の議論にあまり差異はないのである．

(A) **解の一意性**（2 つまたはそれ以上の相異なる解は存在しえないこと） いま，混合問題 (1)-(7)-(8) が 2 つの解 v と w をもったとする．このとき，$u = v - w$ は明らかに次をみたしている．

3.2 混合問題

$$\begin{cases} u_{tt} - u_{xx} = 0 & (0 < x < L,\ t > 0) \quad (1) \\ u(x,0) = u_t(x,0) = 0 & (0 < x < L) \quad (9) \\ u(0,t) = u(L,t) = 0 & (t > 0) \quad (8) \end{cases}$$

このとき $u(x,t) \equiv 0$ がわかれば $v = w$ となり，解の一意性がでるのである．
まず**エネルギー積分**

$$E(t) = \frac{1}{2} \int_0^L (u_x^2 + u_t^2) dx$$

を考えよう（u が弦の振動を表しているときにはこの積分はその弦の時刻 t における全エネルギーを表している）．もしも $dE(t)/dt = 0$（**エネルギー保存の法則**）が示されれば $E(t) =$ 一定 となる．ところが u に対する初期条件 (9) によって $E(0) = 0$ がわかるので，すべての t に対して $E(t) = 0$ となる．よって，すべての x, t に対して $u_x(x,t) = u_t(x,t) = 0$ となる，すなわち $u(x,t) = c$（定数）となる．(9) によって $u(x,0) = 0$ であるから $c = 0$ となり，$u(x,t) \equiv 0$ を得る．

最後にエネルギー保存の法則を示そう．(1) によって

$$\frac{dE(t)}{dt} = \int_0^L (u_x u_{xt} + u_t u_{tt}) dx = \int_0^L (u_x u_{xt} + u_t u_{xx}) dx$$
$$= \int_0^L \frac{\partial}{\partial x}(u_x u_t) dx = u_x(L,t) u_t(L,t) - u_x(0,t) u_t(0,t)$$

となる．u に対する境界条件 (8) によって，$u_t(L,t) = 0$, $u_t(0,t) = 0$ であるから $dE(t)/dt = 0$ を得る．

(B) **解の存在**（一般解による解法） 混合問題

$$\begin{cases} u_{tt} - u_{xx} = 0 & (0 < x < L,\ t > 0) \quad (1) \\ u(x,0) = \varphi(x),\quad u_t(x,0) = \psi(x) & (0 < x < L) \quad (7) \\ u(0,t) = 0,\quad u(L,t) = 0 & (t > 0) \quad (8) \end{cases}$$

の解を，波動方程式 (1) の一般解

$$u(x,t) = F(x+t) + G(x-t)$$

を用いて求めてみよう．そのためにはこの $u(x,t)$ が (7) と (8) をみたすように

F と G を決めることができればよいのである．領域 $0 < x < L$, $t > 0$ においては $x + t > 0$ であり，また $x - t < L$ であるから，$x > 0$ なる x で $F(x)$ を，また $x < L$ なる x で $G(x)$ を決めれば十分である．

まず，$0 < x < L$ なる x においては (7) により

$$\begin{cases} F(x) = \dfrac{\varphi(x)}{2} + \dfrac{1}{2}\displaystyle\int_0^x \psi(\xi)d\xi & (0 < x < L) \qquad (10) \\ G(x) = \dfrac{\varphi(x)}{2} - \dfrac{1}{2}\displaystyle\int_0^x \psi(\xi)d\xi & (0 < x < L) \qquad (11) \end{cases}$$

ととればよいことは定理 2.1 の場合と同じである．次に (8) により

$$\begin{cases} u(0,t) = F(t) + G(-t) = 0 & (t > 0) \qquad (12) \\ u(L,t) = F(L+t) + G(L-t) = 0 & (t > 0) \qquad (13) \end{cases}$$

となる．$L < x < 2L$ のときには $x - L > 0$ かつ $L > 2L - x > 0$ である．(13) において $t = x - L$ とおき，(11) を用いて

$$F(x) = -G(2L - x) = -\frac{\varphi(2L-x)}{2} + \frac{1}{2}\int_0^{2L-x} \psi(\xi)d\xi \quad (L < x < 2L) \tag{14}$$

を得る．$x > 2L$ のときには (13) において $t = x - L$ とおいて，(12) を用いれば

$$F(x) = -G(2L - x) = -G(-(x - 2L)) = F(x - 2L)$$

を得る．よって $F(x)$ は周期 $2L$ の周期関数として (10), (14) から決まるのである．最後に $x < 0$ において，$G(x)$ は (12) から

$$G(x) = -F(-x) \qquad (x < 0)$$

と決まることがわかる．

$0 < x < L$ においては $\varphi(x)$ に一致し，$L < x < 2L$ においては $-\varphi(2L - x)$ に等しくなる関数を $\tilde{\varphi}(x)$ と書く．同様に $\psi(x)$ を $0 < x < 2L$ まで拡張したものを $\tilde{\psi}(x)$ と書くならば，(10) と (14) から

$$F(x) = \frac{\tilde{\varphi}(x)}{2} + \frac{1}{2}\int_0^x \tilde{\psi}(\xi)d\xi \qquad (0 < x < 2L) \tag{15}$$

3.2 混合問題

となる．さらに $\tilde{\varphi}(x), \tilde{\psi}(x)$ を周期 $2L$ の周期関数として $0 < x < \infty$ まで拡張して考えれば，(15) は $x > 0$ においても成り立つことがわかる．こうして得られた $\tilde{\varphi}(x), \tilde{\psi}(x)$ を奇関数となるように $x < 0$ まで拡張して得られる関数をそれぞれ $\Phi_2(x), \Psi_2(x)$ と書けば，

$$G(x) = \frac{\Phi_2(x)}{2} - \frac{1}{2}\int_0^x \Psi_2(\xi)d\xi \qquad (x < L) \tag{16}$$

となる．よって (15), (16) から混合問題 (1)-(7)-(8) の解は

$$u(x,t) = \frac{\Phi_2(x+t) + \Phi_2(x-t)}{2} + \frac{1}{2}\int_{x-t}^{x+t} \Psi_2(\xi)d\xi$$

と書くことができる．これはまさしく初期条件

$$u(x,0) = \Phi_2(x), \qquad u_t(x,0) = \Psi_2(x) \tag{17}$$

をみたすコーシー問題の解でもある．なおこの混合問題は演習問題 5 と下の図とを用いて直感的に求めることもできる（演習問題 7 参照）．

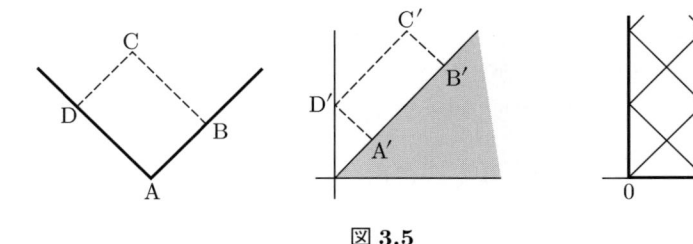

図 3.5

■ **問 3** 上で作った $\Phi_2(x)$ が $x = nL (n = 0, \pm 1, \cdots)$ で連続的につながるのは $\varphi(0) = \varphi(L) = 0$ のときに限ることを示せ．

例題 3.4 次の混合問題を解け．

$$\begin{cases} u_{tt} - u_{xx} = 0 & (0 < x < L,\ t > 0) \\ u(x,0) = \sin\dfrac{\pi x}{L}, \quad u_t(x,0) = 0 & (0 < x < L) \\ u(0,t) = 0, \quad u(L,t) = 0 & (t > 0) \end{cases}$$

解 $u = F(x+t) + G(x-t)$ とおけば

$$F(x) + G(x) = \sin\frac{\pi x}{L}, \qquad F'(x) - G'(x) = 0 \qquad (0 < x < L)$$

となり，$F(x) = G(x) = \dfrac{1}{2}\sin\dfrac{\pi x}{L}$ $(0 < x < L)$ を得る．次に

$$F(t) + G(-t) = 0, \qquad F(L+t) + G(L-t) = 0 \qquad (t > 0)$$

より

$$F(x) = -G(2L - x) = -\frac{1}{2}\sin\frac{\pi}{L}(2L - x) = \frac{1}{2}\sin\frac{\pi x}{L} \qquad (L < x < 2L)$$

を得る．よって $F(x) = F(x - 2L)$ なることから

$$F(x) = \frac{1}{2}\sin\frac{\pi x}{L} \quad (x > 0), \qquad G(x) = \frac{1}{2}\sin\frac{\pi x}{L} \quad (x < L)$$

となる．こうして

$$u(x, t) = \frac{1}{2}\left(\sin\frac{\pi(x+t)}{L} + \sin\frac{\pi(x-t)}{L}\right) = \cos\frac{\pi t}{L}\sin\frac{\pi x}{L}$$

が求める解である． (解終)

(C) **解の存在**（フーリエ級数による解法） 混合問題 (1)-(7)-(8) を**変数分離法**と**重ね合せの原理** (u_1, u_2 がともに (1), (8) をみたしておれば，$u_1 + u_2$ もそうである) によって解くことを考えよう．境界条件

$$u(0, t) = 0, \qquad u(L, t) = 0 \qquad (t > 0) \tag{8}$$

をみたす波動方程式

$$u_{tt} - u_{xx} = 0 \qquad (0 < x < L, \ t > 0) \tag{1}$$

の解のうちで，変数 x, t が分離された

$$u(x, t) = X(x)T(t)$$

なる形の解をまず求めよう．これを (1) に代入して

$$XT'' - X''T = 0 \quad \text{または} \quad \frac{T''}{T} = \frac{X''}{X}$$

となる．t だけの関数 T''/T と x だけの関数 X''/X とが等しいのであるから，これらは定数でなければならない．この定数を $-\lambda$ とおけば

3.2 混合問題

$$T'' + \lambda T = 0 \tag{18}$$
$$X'' + \lambda X = 0 \tag{19}$$

となり，境界条件 (8) は

$$X(0) = 0, \qquad X(L) = 0 \tag{20}$$

となる．

まず，境界条件 (20) をみたす常微分方程式 (19) の解を求めることを考えよう．

(i) $\lambda < 0$ のとき，方程式 (19) の解は一般に任意定数 c_1, c_2 を含む

$$X(x) = c_1 e^{\sqrt{-\lambda}x} + c_2 e^{-\sqrt{-\lambda}x}$$

なる形で与えられる．これが (20) をみたすように c_1, c_2 を決めればよい．すなわち

$$c_1 + c_2 = 0, \qquad c_1 e^{\sqrt{-\lambda}L} + c_2 e^{-\sqrt{-\lambda}L} = 0$$

から $c_1 = c_2 = 0$ を得る．よって，このときには $X = 0$ 以外の解は存在しない．

(ii) $\lambda = 0$ のとき，方程式 (19) の解は明らかに

$$X(x) = c_1 + c_2 x$$

なる形をしている．(20) より

$$c_1 = 0, \qquad c_1 + c_2 L = 0,$$

よって $c_1 = c_2 = 0$．このときも (i) と同様に $X = 0$ 以外の解はない．

(iii) $\lambda > 0$ のとき，方程式 (19) の一般解は

$$X(x) = c_1 \cos \sqrt{\lambda} x + c_2 \sin \sqrt{\lambda} x$$

であり，条件 (20) は

$$c_1 = 0, \qquad c_1 \cos \sqrt{\lambda} L + c_2 \sin \sqrt{\lambda} L = 0$$

となる．$\sin \sqrt{\lambda} L \neq 0$ なる λ に対しては c_2 も零となり，$X = 0$ 以外に解はない．ところが

$$\sin \sqrt{\lambda} L = 0 \quad \text{すなわち} \quad \lambda = \lambda_n = \left(\frac{n\pi}{L}\right)^2 \qquad (n = 1, 2, \cdots)$$

のときにはどんな c_2 に対しても条件 (20) をみたしている．よって，このときには (20) をみたす方程式

$$X'' + \lambda_n X = 0$$

の解は

$$X(x) = X_n(x) = C_n \sin\sqrt{\lambda_n}\,x = C_n \sin\frac{n\pi x}{L}$$

で与えられる（C_n は任意定数）．

以上のように恒等的に零とならない (19), (20) をみたす $X(x)$ と λ を求める問題を**固有値問題**といい，$\lambda = \lambda_n$ を**固有値**，$X_n(x)$ を λ_n に対応する**固有関数**という．

こうして意味のある解（$u = XT \neq 0$ なる解）を得るには定数 λ は $\lambda = \lambda_n$ ととらねばならぬことがわかった．$\lambda = \lambda_n$ のときには方程式 (18) の解は

$$T_n(t) = A_n \cos\sqrt{\lambda_n}\,t + B_n \sin\sqrt{\lambda_n}\,t$$

で与えられる．ここで A_n, B_n は任意定数である．よって

$$u_n(x,t) = \left(A_n \cos\frac{n\pi t}{L} + B_n \sin\frac{n\pi t}{L} \right) \sin\frac{n\pi x}{L} \quad (n = 1, 2, \cdots)$$

は (8) をみたす方程式 (1) の解である．重ね合せの原理により

$$u(x,t) = \sum_{n=1}^{\infty} u_n(x,t) = \sum_{n=1}^{\infty} \left(A_n \cos\frac{n\pi t}{L} + B_n \sin\frac{n\pi t}{L} \right) \sin\frac{n\pi x}{L} \quad (21)$$

もまた，(1), (8) をみたしているであろう．

(21) で与えられる $u(x,t)$ には，まだ未定定数 $A_n, B_n (n = 1, 2, \cdots)$ が含まれている．これらを初期条件

$$u(x,0) = \varphi(x), \quad u_t(x,0) = \psi(x), \quad (0 < x < L) \quad (7)$$

をみたすように決めることを考えよう．すなわち

$$\begin{cases} u(x,0) = \displaystyle\sum_{n=1}^{\infty} A_n \sin\frac{n\pi x}{L} = \varphi(x) \\ u_t(x,0) = \displaystyle\sum_{n=1}^{\infty} \frac{n\pi}{L} B_n \sin\frac{n\pi x}{L} = \psi(x) \end{cases} \quad (22)$$

から A_n, B_n が決まればよいのである．

3.2 混合問題

これらの級数は $\varphi(x)$ および $\psi(x)$ のフーリエ正弦級数展開に他ならない．よって第 2 章の演習問題 4 により

$$A_n = \frac{2}{L}\int_0^L \varphi(x)\sin\frac{n\pi x}{L}dx, \quad B_n = \frac{2}{n\pi}\int_0^L \psi(x)\sin\frac{n\pi x}{L}dx \tag{23}$$

ととればよいことがわかる．よってこれを (21) に代入して

$$u(x,t) = \sum_{n=1}^{\infty}\left(\frac{2}{L}\int_0^L \varphi(\xi)\sin\frac{n\pi\xi}{L}d\xi \cdot \cos\frac{n\pi t}{L} + \frac{2}{n\pi}\int_0^L \psi(\xi)\sin\frac{n\pi\xi}{L}d\xi \cdot \sin\frac{n\pi t}{L}\right)\sin\frac{n\pi x}{L} \tag{24}$$

が求めるべき混合問題の解である．

以上，(A)，(B)，(C) をまとめて次の定理を得る．

> **定理 3.3** 混合問題 (1)-(7)-(8) はただ 1 つの解をもち，それは初期条件 (17) をみたすコーシー問題の解として表すこともできるし，(24) で与えられるフーリエ級数の形に表すこともできる．

■ **問 4** 混合問題 (1)-(7)-(8′) を

$$u(x,t) = \sum_{n=0}^{\infty} a_n(t)\cos\frac{n\pi x}{L}$$

とおいて解け．

例題 3.5 次の混合問題

$$\begin{cases} u_{tt} - u_{xx} = 0 & (0 < x < L, \quad t > 0) \\ u(x,0) = 2\sin\frac{2\pi x}{L}, \quad u_t(x,0) = \sin\frac{\pi x}{L} & (0 < x < L) \\ u(0,t) = 0, \quad u(L,t) = 0 & (t > 0) \end{cases}$$

を解け．

解 一般に波動方程式の解で，境界条件 $u(0,t) = u(L,t) = 0 \, (t > 0)$ をみたすものは (21) の形に書けることを上でみた．初期条件を用いて未定定数 A_n, B_n

を求めればよい．すなわち

$$\sum_{n=1}^{\infty} A_n \sin\frac{n\pi x}{L} = 2\sin\frac{2\pi x}{L}, \qquad \sum_{n=1}^{\infty} \frac{n\pi}{L} B_n \sin\frac{n\pi x}{L} = \sin\frac{\pi x}{L}$$

から直ちに，$A_2 = 2$, $A_n = 0 (n \neq 2)$ かつ $\pi B_1/L = 1$, $B_n = 0(n \neq 1)$ を得る．あるいは一般的に (23) によって A_n, B_n を求めてもよい．こうして求めるべき解は

$$u(x,t) = 2\cos\frac{2\pi t}{L}\sin\frac{2\pi x}{L} + \frac{L}{\pi}\cos\frac{\pi t}{L}\sin\frac{\pi x}{L}$$

によって与えられることがわかる． (解終)

3.3 3次元波動方程式

波動方程式

$$\Delta u = u_{xx} + u_{yy} + u_{zz} = u_{tt} \tag{1}$$

をみたし，かつ初期条件

$$u(x,y,z,0) = \varphi(x,y,z), \qquad u_t(x,y,z,0) = \psi(x,y,z) \tag{2}$$

をみたす関数 $u(x,y,z,t)$ を φ と ψ とを用いて書き表すことを考えよう．実は，これは定理 3.2 を応用することによって簡単に求めることができるのである．その方法を以下に説明しよう．

中心が (x,y,z) で，半径が r の球面上での u の平均（t は固定して）を $A(r,t)$ とする．すなわち

$$A(r,t) = \frac{1}{4\pi r^2}\iint_{\overline{\mathrm{PQ}}=r} u(\xi,\eta,\zeta,t)dS \tag{3}$$

とおこう．ここで $\mathrm{P}=(x,y,z)$, $\mathrm{Q}=(\xi,\eta,\zeta)$ かつ

$$\overline{\mathrm{PQ}} = \{(\xi-x)^2 + (\eta-y)^2 + (z-\zeta)^2\}^{1/2}$$

であり，dS は球面上の面積要素を表す．初期条件 (2) より

$$\begin{aligned} A(r,0) &= \frac{1}{4\pi r^2}\iint_{\overline{\mathrm{PQ}}=r}\varphi(\xi,\eta,\zeta)dS \quad (=\varPhi(r)) \\ A_t(r,0) &= \frac{1}{4\pi r^2}\iint_{\overline{\mathrm{PQ}}=r}\psi(\xi,\eta,\zeta)dS \quad (=\varPsi(r)) \end{aligned} \tag{4}$$

3.3　3次元波動方程式

となっている．もしも $A(r,t)$ を $\Phi(r)$, $\Psi(r)$ で書き表すことができれば，

$$u(x,y,z,t) = \lim_{r \to 0} A(r,t) \quad (= A(0,t)) \tag{5}$$

であるから求めるべき u に対する公式を得るであろう．そのためにまず (3) を

$$\alpha = \frac{\xi - x}{r}, \quad \beta = \frac{\eta - y}{r}, \quad \gamma = \frac{\zeta - z}{r}$$

とおいて次のように変形しよう．半径 1 の球面上の面積要素，すなわち立体角要素を $d\omega$ と書けば，$dS = r^2 d\omega$ であるから (3) は

$$A(r,t) = \frac{1}{4\pi} \iint_{\alpha^2+\beta^2+\gamma^2=1} u(x+\alpha r, y+\beta r, z+\gamma r, t) d\omega$$

となる．これを r で微分し，ガウスの発散定理（1.6 節の公式 (1)）を用いて，

$$\begin{aligned}
A_r &= \frac{1}{4\pi} \iint_{\alpha^2+\beta^2+\gamma^2=1} (\alpha u_x + \beta u_y + \gamma u_z) d\omega \\
&= \frac{1}{4\pi r^2} \iint_{\overline{\mathrm{PQ}}=r} (\alpha u_x + \beta u_y + \gamma u_z) dS \\
&= \frac{1}{4\pi r^2} \iiint_{\overline{\mathrm{PQ}}<r} (u_{xx} + u_{yy} + u_{zz}) d\xi d\eta d\zeta
\end{aligned}$$

を得る．u が (1) をみたしていることから

$$A_r = \frac{1}{4\pi r^2} \iiint_{\overline{\mathrm{PQ}}<r} u_{tt} d\xi d\eta d\zeta = \frac{1}{4\pi r^2} \int_0^r d\rho \iint_{\overline{\mathrm{PQ}}=\rho} u_{tt} dS$$

を書きかえることができる．さらに $r^2 A_r$ を r で微分して

$$(r^2 A_r)_r = \frac{1}{4\pi} \iint_{\overline{\mathrm{PQ}}=r} u_{tt} dS = \frac{\partial^2}{\partial t^2} \left(\frac{1}{4\pi} \iint_{\overline{\mathrm{PQ}}=r} u \, dS \right)$$

となり，ここで再び (3) を用いて

$$(r^2 A_r)_r = r^2 A_{tt}$$

を得る．したがって

$$B(r,t) = rA(r,t)$$

とおけば，これは

$$B_{tt} - B_{rr} = 0$$

をみたすことがわかる．他方 $t=0$ においては (4) から

$$\begin{cases} B(r,0) = r\Phi(r) \\ B_t(r,0) = r\Psi(r) \end{cases}$$

であり，$r=0$ においては (5) から

$$B(0,t) = 0$$

となることがわかる．すなわち $B(r,t)$ は前節の混合問題 I の解に他ならない．よって前節の (5) 式より，$r<t$ においては

$$B(r,t) = \frac{(r+t)\Phi(r+t) - (t-r)\Phi(t-r)}{2} + \frac{1}{2}\int_{t-r}^{t+r} s\Psi(s)ds$$

が成り立つことがわかる．こうして $t>0$ ならば (5) から

$$\begin{aligned} u(x,y,z,t) &= \lim_{r\to 0} \frac{B(r,t)}{r} \\ &= \lim_{r\to 0} \left\{ \frac{(r+t)\Phi(r+t) - (t-r)\Phi(t-r)}{2r} + \frac{1}{2r}\int_{t-r}^{t+r} s\Psi(s)ds \right\} \\ &= \frac{d}{dt}(t\Phi(t)) + t\Psi(t) \end{aligned}$$

を得る．これを (4) を使ってもっと詳しく書けば

$$u(x,y,z,t) = \frac{\partial}{\partial t}\left(\frac{1}{4\pi t}\iint_{\overline{PQ}=t}\varphi(\xi,\eta,\zeta)dS\right) + \frac{1}{4\pi t}\iint_{\overline{PQ}=t}\psi(\xi,\eta,\zeta)dS \tag{6}$$

なる公式を得ることとなる．

公式 (6) によれば，(x,y,z,t) における u の値は $P=(x,y,z)$ を中心とした半径 t の球面 $\overline{PQ}=t$，すなわち（$Q=(\xi,\eta,\zeta)$ として）

$$(\xi-x)^2 + (\eta-y)^2 + (\zeta-z)^2 = t^2 \tag{7}$$

の上の初期値だけで決まっていることがわかる．いい換えれば (x,y,z,t) の**依存領域**は半径 t の球面 (7) である．このことから次のこともわかる．点 (x_0,y_0,z_0) での初期値によって u の値が影響を受けるのは

$$(x-x_0)^2 + (y-y_0)^2 + (z-z_0)^2 = t^2$$

3.3 3次元波動方程式

をみたす (x, y, z, t) の集合が作る錐である．この錐のことを**特性錐**という．こうして点 $(x_0, y_0, z_0, 0)$ の**影響領域**は，点 $(x_0, y_0, z_0, 0)$ を頂点とする特性錐であるということができる．よって $t = 0$ において点 (x_0, y_0, z_0) の近傍でかくらんを与えると，時刻 $t > 0$ においては，(x_0, y_0, z_0) を中心として半径 t の球面の近くの点だけがその影響を受けるわけである，すなわちこのかくらんは速さ 1 で伝わるのである．

最後に**非斉次波動方程式**

$$u_{tt} - u_{xx} - u_{yy} - u_{zz} = f(x, y, z, t) \tag{8}$$

を初期条件

$$u(x, y, z, 0) = 0, \qquad u_t(x, y, z, 0) = 0 \tag{9}$$

のもとで解くことを考える．実は公式 (6) を用いて次のように解くことができるのである．まず $t = \tau (\geqq 0)$ において

$$u(x, y, z, \tau) = 0, \qquad u_t(x, y, z, \tau) = f(x, y, z, \tau) \tag{10}$$

なる初期値をもつ方程式 (1) の解は公式 (6) によって（t を $t-\tau$ で置き換えて）

$$v(x, y, z, t; \tau) = \frac{1}{4\pi(t-\tau)} \iint_{r=t-\tau} f(\xi, \eta, \zeta, \tau) dS \quad (t > \tau) \tag{11}$$

で与えられる．ここで

$$r^2 = (x - \xi)^2 + (y - \eta)^2 + (z - \zeta)^2$$

である．この v を τ について 0 から t まで積分したもの

$$u(x, y, z, t) = \int_0^t v(x, y, z, t; \tau) d\tau \tag{12}$$

が求めるべき解となっていることを示そう．$v(x, y, z, t; t) = 0$ であるから

$$u_t(x, y, z, t) = \int_0^t v_t(x, y, z, t; \tau) d\tau$$

である．よって (12) で定義される u は初期条件 (9) をみたしていることがわかる．この u がまた (8) をみたしていることを示そう．$v(x, y, z, t; \tau)$ が初期条件

(10) をみたしていることから

$$v_t(x,y,z,\tau;\tau) = f(x,y,z,\tau)$$

となるので

$$u_{tt} = f(x,y,z,t) + \int_0^t v_{tt}(x,y,z,t;\tau)d\tau$$

を得る．$\Delta v = v_{tt}$ と $\Delta u = \int_0^t \Delta v d\tau$ から次のようになることがわかる．

$$u_{tt} - \Delta u = f(x,y,z,t).$$

(12) 式は (11) を用いれば

$$u(x,y,z,t) = \frac{1}{4\pi}\int_0^t d\tau \iint_{r=t-\tau} \frac{f(\xi,\eta,\zeta,\tau)}{t-\tau}dS$$

となり，$t-\tau = \rho$ によって積分変数を τ から ρ に変換すれば

$$u(x,y,z,t) = \frac{1}{4\pi}\int_0^t d\rho \iint_{r=\rho} \frac{f(\xi,\eta,\zeta,t-\rho)}{\rho}dS$$

を得る．これを体積積分の形に書き直して

$$u(x,y,z,t) = \frac{1}{4\pi}\iiint_{r<t} \frac{f(\xi,\eta,\zeta,t-r)}{r}d\xi d\eta d\zeta \tag{13}$$

なる公式を得るのである．すなわちこれがコーシー問題 (8)-(9) の解を与えるのである．話をわかりやすくするために f は点 Q の近くだけで零でないとする．この公式によれば，時刻 t における点 P での u の値は，時刻 t よりも $\overline{\mathrm{PQ}}$ だけ遅れた時刻 $t - \overline{\mathrm{PQ}}$ における f の値だけで決まっていることがわかる．この意味で (13) の形の積分を**遅延ポテンシャル**という．

以上公式 (6) と合せて，次の定理にまとめることができる．

定理 3.4 コーシー問題

$$\begin{cases} u_{tt} - u_{xx} - u_{yy} - u_{zz} = f(x,y,z,t) \\ u(x,y,z,0) = \varphi(x,y,z), \qquad u_t(x,y,z,0) = \psi(x,y,z) \end{cases} \tag{14}$$

はただ 1 つの解をもち,それは次式で与えられる.
$$u(x,y,z,t) = (6) + (13).$$

●**注意 1** $u = (6) + (13)$ で与えられる関数が実際に (14) をみたしていることを確かめてはじめて定理 3.4 が証明されたことになるが,このことは読者に問題として残しておこう.

3.4 2 次元波動方程式と解の一意性

3 次元波動方程式に対するコーシー問題の解の公式(前節の (6) 式)を用いて,2 次元波動方程式に対するコーシー問題

$$\begin{cases} v_{xx} + v_{yy} = v_{tt} \\ v(x,y,0) = \varphi(x,y), \qquad v_t(x,y,0) = \psi(x,y) \end{cases} \tag{1}$$

の解 $v(x,y,t)$ を $\varphi(x,y)$ と $\psi(x,y)$ とを使って書き表す公式を導く簡単な方法(**変数低減法**)がある.v から

$$u(x,y,z,t) = v(x,y,t)$$

によって定義される関数 u は明らかにコーシー問題

$$\begin{cases} u_{xx} + u_{yy} + u_{zz} = u_{tt} \\ u(x,y,z,0) = \varphi(x,y), \qquad u_t(x,y,z,0) = \psi(x,y) \end{cases}$$

の解である.よって前節の公式 (6) によって

$$\begin{aligned} v(x,y,t) &= u(x,y,0,t) \\ &= \frac{\partial}{\partial t}\left(\frac{1}{4\pi t}\iint_{r^2+\zeta^2=t^2}\varphi(\xi,\eta)dS\right) + \frac{1}{4\pi t}\iint_{r^2+\zeta^2=t^2}\psi(\xi,\eta)dS \end{aligned} \tag{2}$$

と表される.ここで

$$r^2 = (x-\xi)^2 + (y-\eta)^2$$

である.上の積分において,φ と ψ は ζ に無関係であるので球面 $S_t : (\xi-x)^2 + (\eta-y)^2 + \zeta^2 = t^2$ の上の積分を S_t の (ξ,η) 平面への射影 $K_t : (\xi-x)^2 + (\eta-y)^2$

$\leqq t^2$ の上の積分に置き換えることができる．S_t 上の点 (ξ, η, ζ) における S_t の外向き単位法線方向は

$$\left(\frac{\xi - x}{t}, \frac{\eta - y}{t}, \frac{\zeta}{t} \right)$$

であり，かつ S_t 上では

$$\zeta = \pm\sqrt{t^2 - r^2}$$

であるから，S_t の面積要素 dS と dS の K_t への射影 $d\xi d\eta$ との間の関係は

$$dS = \frac{t}{\sqrt{t^2 - r^2}} d\xi d\eta$$

で与えられる．さらに上半球面と下半球面とからの寄与を考えて，(2) から

$$v(x, y, t) = \frac{\partial}{\partial t} \left(\frac{1}{2\pi} \iint_{r<t} \frac{\varphi(\xi, \eta)}{\sqrt{t^2 - r^2}} d\xi d\eta \right) + \frac{1}{2\pi} \iint_{r<t} \frac{\psi(\xi, \eta)}{\sqrt{t^2 - r^2}} d\xi d\eta \tag{3}$$

なる公式を得る．

したがって，2次元波動方程式のコーシー問題の解に対しては，点 (x, y, t) の**依存領域**は $(x, y, 0)$ を中心とした半径 t の円板であり，点 $(x_0, y_0, 0)$ の**影響領域**は $(x_0, y_0, 0)$ を頂点とする特性錐の内部，すなわち

$$(x - x_0)^2 + (y - y_0)^2 \leqq t^2$$

をみたす (x, y, t) の集合である（図 3.6）．よって時刻 $t = 0$ において点 (x_0, y_0) の近傍でかくらんを与えると時刻 $t > 0$ においては，その点を中心とする半径 t の円板のすべての点に影響をおよぼすのである．したがって点 (x_1, y_1) にそのかくらんが到達する時刻 $t_1 = \sqrt{(x_1 - x_0)^2 + (y_1 - y_0)^2}$ 後もずっと引き続いてその点にかくらんを与え続けるのである．これは水面波にみられる現象と同じである．この事実を**波動の拡散**という．

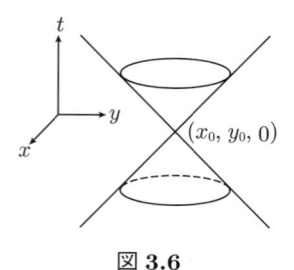

図 3.6

3.4 2次元波動方程式と解の一意性

■**問 1** 3次元の波動に対しても拡散が起こっているか．また，1次元の波動に対してはどうか

以上より，次の定理を得る．

> **定理 3.5** コーシー問題 (1) はただ1つの解をもち，それは (3) で与えられる．

●**注意 1** コーシー問題 (1) の解があったとすればそれは公式 (3) で与えられることがわかったわけであるから，解の一意性はおのずから明らかなことである．同様に 3.1 節でのコーシー問題 (1)-(3)（1次元波動方程式の場合）および 3.3 節でのコーシー問題 (1)-(2)（3次元波動方程式の場合）の解もあったとすればそれぞれ公式 (5)（3.1 節）および公式 (6)（3.3 節）で与えられるのであるから解は1つしかないことは自明なことである．しかし，このように公式を求めなくてもガウスの定理を用いることによって，解の一意性を示すことができる．このことを 2 次元波動方程式の場合についてだけ証明しよう．しかし，その方法はそのまま 1 次元および 3 次元の場合にも適用できるのである．

> **定理 3.6** コーシー問題 (1) の解は，あったとしても2つまたはそれ以上はない．

証明 コーシー問題 (1) の解が 2 つあったとしてそれらを v, w とする．$u = v - w$ はコーシー問題

$$\begin{cases} u_{xx} + u_{yy} = u_{tt} \\ u(x,y,0) = 0, \quad u_t(x,y,0) = 0 \end{cases} \tag{4}$$

の解となっている．したがって解の一意性を示すには，コーシー問題 (4) の解は $u = 0$ 以外にはないことを示せばよい．

$u(x, y, t)$ は (4) をみたす任意の関数とする．このとき $u(x_0, y_0, t_0) = 0$ を示すために，(x_0, y_0, t_0) を頂点とする特性錐の内部 K，すなわち

$$(x_0 - x)^2 + (y_0 - y)^2 < (t_0 - t)^2, \quad 0 < t < t_0$$

をみたす (x, y, t) の集合上で（図 3.7）

$$2u_t(u_{tt} - u_{xx} - u_{yy})$$

(x_0, y_0, t_0)

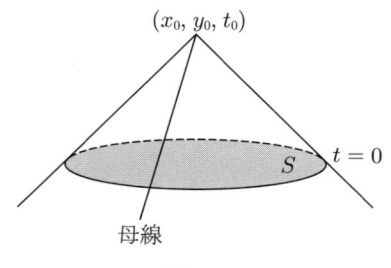

S　　$t=0$

母線

図 **3.7**

を積分しよう.

$$2u_t u_{tt} = (u_t{}^2)_t,$$
$$-2u_t u_{xx} = 2u_{xt} u_x - 2(u_t u_x)_x = (u_x{}^2)_t - 2(u_x u_t)_x,$$
$$-2u_t u_{yy} = 2u_{yt} u_y - 2(u_t u_y)_y = (u_y{}^2)_t - 2(u_y u_t)_y$$

であるから,その積分は

$$0 = \iiint_K \{(u_x{}^2 + u_y{}^2 + u_t{}^2)_t - 2(u_x u_t)_x - 2(u_y u_t)_y\} dx dy dt$$

となる.ここでガウスの公式を用いてこの右辺の体積積分を面積分になおすことにする.いま K の側面を Σ とし,その底面を S とすれば,S 上では $u_t = u_x = u_y = 0$ であるから

$$0 = \iint_\Sigma \{(u_x{}^2 + u_y{}^2 + u_t{}^2)\tau - 2u_t u_x \xi - 2u_t u_y \eta\} dS \tag{5}$$

を得る.ここで ξ, η, τ はそれぞれ Σ 上の外向きの単位法線ベクトルの x 成分,y 成分,t 成分を表す.よって

$$\xi^2 + \eta^2 + \tau^2 = 1, \qquad \tau^2 = \xi^2 + \eta^2$$

したがって $\tau = 1/\sqrt{2}$ となっている.これらのことを用いて (5) は

$$0 = \iint_\Sigma \{(u_t \xi - u_x \tau)^2 + (u_t \eta - u_y \tau)^2\} dS = 0$$

と書き直すことができる.こうして Σ 上では

$$\frac{u_t}{\tau} = \frac{u_x}{\xi} = \frac{u_y}{\eta} \quad (= \lambda) \tag{6}$$

となっていることがわかる．特性錐 K の頂点を通り，かつその錐の側面 Σ 上にある直線（母線）

$$x = \alpha s + x_0, \quad y = \beta s + y_0, \quad t = \gamma s + t_0 \qquad (\alpha^2 + \beta^2 = \gamma^2) \tag{7}$$

上で u を微分して

$$u_s = \alpha u_x + \beta u_y + \gamma u_t$$

を得る．ついで (6) を用いれば

$$u_s = \lambda(\alpha \xi + \beta \eta + \gamma \tau)$$

となるが，ベクトル (ξ, η, τ) と (α, β, γ) とは直交しているので，$u_s = 0$，したがって u は母線 (7) の上では一定である．ところがその母線と錐の底面 S との交点では $u = 0$ であるからその母線上で $u = 0$，したがって $u(x_0, y_0, t_0) = 0$ を得る．(x_0, y_0, t_0) は任意にとってきた点であるからすべての x, y, t に対して $u(x, y, t) = 0$ を得る． （証明終）

■ **問 2** 1次元波動方程式に対するコーシー問題の解の一意性を定理 3.6 の証明にならって示せ．

3.5 一般の双曲型方程式

第 1 章 1.5 節における分類によれば，双曲型方程式の一般な形は

$$u_{tt} - u_{xx} + ku = f(x, t) \qquad (k : 定数) \tag{1}$$

となっていることをみた．ここではこの方程式 ($k \neq 0$) に対するコーシー問題を考えよう．すなわち

$$u(x, 0) = \varphi(x), \qquad u_t(x, 0) = \psi(x) \tag{2}$$

をみたす (1) の解を求めてみよう．

方程式 (1) の特性線は，もちろん波動方程式のそれと同じである．さて，(x, t) を通る 2 本の特性線と x 軸とで囲まれた領域を D とする．その境界 C は C_1, C_2, C_3 から成っているものとする (3.1 節における図 3.4 を見よ)．$u(x, t)$ はコーシー問題 (1)-(2) の解であるとし，$v(x, t)$ は D において

$$v_{tt} - v_{xx} + kv = 0 \tag{3}$$

をみたす関数とする．そのとき

$$vf = v(u_{tt} - u_{xx} + ku) - u(v_{tt} - v_{xx} + kv)$$
$$= (vu_t - uv_t)_t - (vu_x - uv_x)_x$$

と書けるから，平面におけるガウスの公式（1.6 節の公式 (2″)）を用いて

$$\iint_D vf d\xi d\tau = -\int_C (vu_\xi - uv_\xi)d\tau + (vu_\tau - uv_\tau)d\xi$$
$$= -\left(\int_{C_1} + \int_{C_2} + \int_{C_3}\right) v(u_\xi d\tau + u_\tau d\xi) - u(v_\xi d\tau + v_\tau d\xi) \tag{4}$$

を得る．C_1 上では $d\xi = -d\tau$, C_2 上では $d\xi = d\tau$，そして C_3 上では $d\tau = 0$ であるから

$$\iint_D vf d\xi d\tau = \int_{C_1}(vdu - udv) - \int_{C_2}(vdu - udv) - \int_{C_3}(vu_\tau - uv_\tau)d\xi$$
$$= \int_{C_1} d(vu) - \int_{C_2} d(vu) - 2\int_{C_1} udv + 2\int_{C_2} udv - \int_{C_3}(vu_\tau - uv_\tau)d\xi$$

を得る．もしもさらに v が

$$C_1 \text{ および } C_2 \text{ 上で} \quad v = 1/2 \tag{5}$$

をみたしておれば，C_1 と C_2 上で $dv = 0$ であるから

$$\iint_D vf d\xi d\tau = \frac{1}{2}u(x,t) - \frac{1}{2}u(x+t,0) - \frac{1}{2}u(x-t,0) + \frac{1}{2}u(x,t)$$
$$- \int_{C_3}(vu_\tau - uv_\tau)d\xi$$

となる．初期条件 (2) を用いて

$$u(x,t) = \frac{\varphi(x+t) + \varphi(x-t)}{2} + \int_{x-t}^{x+t}\{v(\xi,0)\psi(\xi) - v_\tau(\xi,0)\varphi(\xi)\}d\xi$$
$$+ \iint_D v(\xi,\tau)f(\xi,\tau)d\xi d\tau \tag{6}$$

と書くことができる．

3.5 一般の双曲型方程式

$k=0$ のときには $v \equiv 1/2$ ととれば，これは (3) と (5) をみたしている．このとき上の (6) 式は 3.1 節の公式 (9) に一致していることは明らかである．$k \neq 0$ のときにはそうは簡単にはいかないのである．前のように (x,t) を固定して，D 内の点を (ξ, τ) と表すことにする．

$$\rho = \sqrt{(\tau - t)^2 - (\xi - x)^2}$$

とおく（D 内では $\sqrt{}$ のなかみは正である），ρ だけに関係する $v = v(\rho)$ で，(3) と (5) をみたすものを求めよう．

$$v_\tau = v_\rho \frac{\tau - t}{\rho}, \qquad v_\xi = v_\rho \frac{x - \xi}{\rho},$$

$$v_{\tau\tau} = v_{\rho\rho}\left(\frac{\tau-t}{\rho}\right)^2 + v_\rho\left(\frac{1}{\rho} - \frac{(\tau-t)^2}{\rho^3}\right),$$

$$v_{\xi\xi} = v_{\rho\rho}\left(\frac{\xi-x}{\rho}\right)^2 - v_\rho\left(\frac{1}{\rho} + \frac{(\xi-x)^2}{\rho^3}\right)$$

であるから，$v_\rho = v'$, $v_{\rho\rho} = v''$ と書いて，

$$v_{\tau\tau} - v_{\xi\xi} + kv = v'' + v'(2/\rho - 1/\rho) + kv$$
$$= v'' + \frac{1}{\rho}v' + kv$$

を得る．したがって，(3) と (5) とをみたす v を求めるためには常微分方程式

$$\rho^2 v'' + \rho v' + k\rho^2 v = 0 \tag{7}$$

を

$$v(0) = 1/2$$

なる条件のもとで解けばよい．$k=1$ とおいて得られる方程式 (7) は**零次のベッセルの方程式**という名でよく知られている．方程式 (7) の左辺に

$$v(\rho) = \sum_{n=0}^{\infty} c_n \rho^n, \qquad c_0 = \frac{1}{2}$$

を代入して，これが恒等的に零となるためには係数 c_n の間に

$$c_1 = 0, \quad \{n(n-1) + n\}c_n + kc_{n-2} = 0 \quad (n = 2, 3, \cdots)$$

という関係がなければならないことがわかる．この関係式から，まず奇数の n に対しては $c_n = 0$ がわかる．次に偶数の $n(=2m)$ のときは

$$c_{2m} = \frac{1}{2}\frac{(-k)^m}{2^{2m}(m!)^2} \qquad (m=1,2,\cdots)$$

となることがすぐにわかる．よって

$$v(\rho) = \frac{1}{2}\sum_{m=0}^{\infty}\frac{(-k)^m}{(m!)^2}\left(\frac{\rho}{2}\right)^{2m}$$

が求める v である．

$$J_0(\rho) = \sum_{m=0}^{\infty}\frac{(-1)^m}{(m!)^2}\left(\frac{\rho}{2}\right)^{2m} \tag{8}$$

とおけば

$$v(\xi,\tau) = \frac{1}{2}J_0(\sqrt{k}\sqrt{(\tau-t)^2 - (\xi-x)^2})$$

と書ける．したがって，$v_\tau = -v_t$ であるから (6) は

$$\begin{aligned}u(x,t) = &\frac{1}{2}\frac{\partial}{\partial t}\int_{x-t}^{x+t}\varphi(\xi)J_0(\sqrt{k}\sqrt{t^2-(\xi-x)^2})d\xi \\ &+ \frac{1}{2}\int_{x-t}^{x+t}\psi(\xi)J_0(\sqrt{k}\sqrt{t^2-(\xi-x)^2})d\xi \\ &+ \frac{1}{2}\iint_D f(\xi,\tau)J_0(\sqrt{k}\sqrt{(\tau-t)^2-(\xi-x)^2})d\xi d\tau\end{aligned} \tag{9}$$

となり，こうしてコーシー問題 (1)-(2) に対する解の公式を得る．$J_0(\rho)$ は零次のベッセル方程式の解であるので，これは**零次の第 1 種ベッセル関数**と呼ばれている．

■**問 1** (8) の右辺の級数の収束半径は無限大であり，かつ方程式 (7)($k=1$) をみたしていることを示せ．

$k \neq 0$ のとき，方程式 (1) のことを**電信方程式**ということもある．この場合も 2 次元波動方程式の場合と同様に波動の拡散が起こっていることは公式 (9) からすぐわかる（3.4 節の公式 (3) と比較せよ）．

演 習 問 題

1 次のコーシー問題を解け.
  (i) $u_{tt} - u_{xx} = 0$ $\quad u(x,0) = e^x,\ u_t(x,0) = \sin x$
  (ii) $u_{tt} - u_{xx} = 0$ $\quad u(x,0) = e^{-x^2},\ u_t(x,0) = 0$
  (iii) $u_{tt} - u_{xx} = x$ $\quad u(x,0) = 0,\ u_t(x,0) = 0$
  (iv) $u_{tt} - u_{xx} = \cos x$ $\quad u(x,0) = 0,\ u_t(x,0) = 1$

2 次の初期条件および境界条件を同時にみたす方程式 $u_{tt} - u_{xx} = 0$ の解を $x > 0, t > 0$ で求めよ.
  (i) $u(x,0) = \sin x,\ u_t(x,0) = 0 \quad (x > 0)$
    $u(0,t) = 0 \quad (t > 0)$
  (ii) $u(x,0) = x^2,\ u_t(x,0) = \cos x \quad (x > 0)$
    $u(0,t) = 0 \quad (t > 0)$
  (iii) $u(x,0) = x^2,\ u_t(x,0) = \cos x \quad (x > 0)$
    $u_x(0,t) = 0 \quad (t > 0)$

3 方程式 $u_{tt} - u_{xx} = 0$ に対する次の混合問題を, 一般解による方法並びにフーリエ級数による方法で, $0 < x < L,\ t > 0$ において解け.
  (i) $u(x,0) = \sin 3\pi x/L,\ u_t(x,0) = 0 \quad (0 < x < L)$
    $u(0,t) = 0,\ u(L,t) = 0 \quad (t > 0)$
  (ii) $u(x,0) = 0,\ u_t(x,0) = 5\sin \pi x/L \quad (0 < x < L)$
    $u(0,t) = 0,\ u(L,t) = 0$
  (iii) $u(x,0) = \cos \pi x/L,\ u_t(x,0) = 0 \quad (0 < x < L)$
    $u_x(0,t) = 0,\ u_x(L,t) = 0 \quad (t > 0)$

4 $y = \varphi(x)$ のグラフは下の図で与えられているとし, $u(x,t)$ は混合問題
$$\begin{cases} u_{tt} - u_{xx} = 0 & (x > 0), \\ u(x,0) = \varphi(x),\ u_t(x,0) = 0 \\ u(0,t) = 0, & (t > 0) \end{cases}$$
の解とする. このとき $y = u(x,4)$ および $y = u(x,7)$ のグラフを描け.

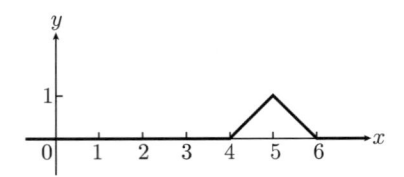

5 関数 $u(x,t)$ が波動方程式 $u_{tt} - u_{xx} = 0$ をみたすための必要十分な条件は，その各辺が特性線よりなっている任意の長方形の頂点を A, B, C, D とするとき（AC, BD が対角線となっているものとする．図 3.5 参照）

$$u(\mathrm{A}) + u(\mathrm{C}) = u(\mathrm{B}) + u(\mathrm{D})$$

なる差分方程式の成り立つことである．この命題を証明せよ．

6 前問の命題を用いて次の問題（コーシー問題でも，混合問題でもない）を解け．ただし $\Phi(0) = \Psi(0)$ とする．

(i) $\begin{cases} u_{tt} - u_{xx} = 0 \quad (|x| < t) \\ u(x, -x) = \Phi(x) \quad (x < 0), \quad u(x,x) = \Psi(x) \quad (x > 0) \end{cases}$

(ii) $\begin{cases} u_{tt} - u_{xx} = 0 \quad (0 < x < t) \\ u(0,t) = \Phi(t) \quad (t > 0), \quad u(x,x) = \Psi(x) \quad (x > 0) \end{cases}$

7 定理 3.1 と前問の(ii)とを用いて 3.2 節の公式 (5) を導け．同様に(i)と(ii)を用いて混合問題 (1)-(7)-(8)（3.2 節）はいかにして解けるか（3.2 節の図 3.5 参照）．

8 3.2 節の混合問題 (1)-(7)-(8') を (B) による方法（一般解による解法）で解け．

9 $|x| < t$ において $u_{tt} - u_{xx} = 0$ をみたし，ある正数 T より大きな t に対して $u(x,t) = 0$ ならば，$|x| < t$ なるすべての x, t に対して $u = 0$ となることを証明せよ．

10 $t > x$ においては $u \neq 0$，$t < x$ においては $u = 0$ となる 2 回連続的微分可能な $u_{tt} - u_{xx} = 0$ の解を作れ．

11 3.2 節の混合問題 (1)-(7)-(8') の解の一意性を II の (A) にならって証明せよ．

12 コーシー問題 $(c > 0)$

$$\begin{cases} \Delta u = c^{-2} u_{tt} \\ u = \varphi, \ u_t = \psi \quad (t = 0) \end{cases}$$

の解を，1 次元，2 次元および 3 次元の各場合に，φ と ψ とを用いて書き表せ

演習問題

(3.1 節の (5), 3.4 節の (3) および 3.3 節の (6) のように).

13 u がコーシー問題

$$\begin{cases} \Delta u = u_{tt} \\ u = 0, \ u_t = \varphi \quad (t = 0) \end{cases}$$

の解ならば $v = u_t$ は

$$\begin{cases} \Delta v = v_{tt} \\ v = \varphi, \ v_t = 0 \quad (t = 0) \end{cases}$$

をみたしていることを示せ.

14 3.4 節の公式 (3) から,変数低減法を用いて 3.1 節の公式 (5) を導け.

15 $R(x,t)$ は $|x| \leq t$ において $1/2$ に等しく,その他の x, t では零となっているとする.このとき,ある正数 T より大きい t, すなわち $t \geq T$ なる t に対して $\varphi(x,t) = 0$ となる 2 回連続的微分可能な φ に対して

$$\iint R(x - \xi, t - \tau)\{\varphi_{tt}(x,t) - \varphi_{xx}(x,t)\}dxdt = \varphi(\xi, \tau)$$

が成り立つことを示せ(第 4 章の 4.5 節でのいい方によれば,$R(x,t)$ は 1 次元波動方程式の**素解**であるといってもよい).

16 $\varphi(x), \psi(x)$ は $x = 0$ 以外ではそれぞれ 2 回および 1 回連続的微分可能とし,$x = 0$ は第 1 種不連続点となってもよいものとする.このとき 3.1 節の (5) 式で与えられる $u(x,t)$ は方程式 $u_{tt} - u_{xx} = 0$ の**弱い解**となることを証明せよ(第 1 章の演習問題 16 参照).

17 関数 $u(x,t)$ が方程式 $u_{tt} - u_{xx} + ku = 0$ をみたしているとし,

$$k > 0 \quad \text{ならば}, \quad v(x,y,t) = u(x,t)\cos\sqrt{k}\,y,$$
$$k < 0 \quad \text{ならば}, \quad v(x,y,t) = u(x,t)\cosh\sqrt{-k}\,y$$

とおく.
  (i) こうして定義された v は方程式 $v_{tt} - v_{xx} - v_{yy} = 0$ をみたしていることを示せ.
  (ii) 3.4 節の公式 (3) を用いて,3.5 節の公式 (9) を導け.(ベッセル関数についてよく知られた等式

$$J_0(\lambda) = \frac{2}{\pi}\int_0^{\pi/2} \cos(\lambda\sin\theta)d\theta$$

を用いよ.)

18 長さ l,単位長さ当たりの質量 ρ の針金が十分大きな張力 T で両端を固定されている.このとき,この針金の微小振動を記述する運動方程式は,$u(x,t)\,(0 \leq x \leq l)$ を振幅として
$$u_{tt} = c^2 u_{xx} \quad \left(c^2 = \frac{T}{\rho}\right)$$
で与えられることを論ぜよ. (京大)

19 波動方程式 $u_{tt} = c^2 u_{xx}\,(c>0)$ について次の問に答えよ.
(ⅰ) 一般解を求めよ.
(ⅱ) 混合問題
$$\begin{cases} u(x,0) = a\left(\sin\dfrac{\pi x}{l} - \sin\dfrac{3\pi x}{l}\right), \quad u_t(x,0) = 0 \quad (0<x<l) \\ u(0,t) = u(l,t) = 0 \quad (t>0) \end{cases}$$
を変数分離法を使って解け.ただし a は正の定数である.

(東大工,立命館大,法大)

4 楕円型偏微分方程式

4.1 調和関数と算術平均

2次元のポテンシャル方程式

$$\Delta u = u_{xx} + u_{yy} = 0 \tag{1}$$

は第1章定理1.2によれば,楕円型方程式の標準形(そこにおいて $X = x, Y = y, k = 0$ そして $g = 0$ としたもの)である.(x,y) 平面のある領域 D で u およびその m 階までの偏導関数がすべて連続であるとき,これを単に $u \in C^m(D)$ と書くことにすれば,$u \in C^2(D)$ が D において方程式 (1) をみたすとき,u のことを D での**調和関数**という.また単に D で**調和**であるという.たとえば x, y の1次関数 $ax + by + c$ は a, b, c がどんな数であっても調和である.

しかし波動方程式の場合のように簡単に一般解を求めることはできないので,調和関数の持っている性質を究明することにする.

$u, v \in C^2(D)$ とする.D' は D の有界な部分領域であって,その境界 Γ' も D に含まれているとすれば,定理1.4より平面におけるグリーンの公式

$$\iint_{D'} v\Delta u\, dxdy + \iint_{D'}(v_x u_x + v_y u_y)dxdy = \int_{\Gamma'} v\frac{\partial u}{\partial n}ds, \tag{2}$$

$$\iint_{D'}(v\Delta u - u\Delta v)dxdy = \int_{\Gamma'}\left(v\frac{\partial u}{\partial n} - u\frac{\partial v}{\partial n}\right)ds \tag{3}$$

を得る.

■**問1** 公式 (3) において $u = \varphi\psi, v = 1$ および $u = \varphi, v = \psi$ とおいて公式 (2) を導け.

さて本題にもどって,u は領域 D で調和であるとする.D 内の任意の1点 (x, y) を中心とする半径 r の円を Γ' とし,D' をその内部(もちろん $D' \cup \Gamma' \subset D$ とする)とするとき,公式 (3) を $v = 1$ とおいて適用すれば

$$0 = \int_{\Gamma'} \frac{\partial u}{\partial n} ds = \int_0^{2\pi} r \frac{\partial}{\partial r} u(x + r\cos\theta, y + r\sin\theta) d\theta$$

$$= r \frac{\partial}{\partial r} \int_0^{2\pi} u(x + r\cos\theta, y + r\sin\theta) d\theta$$

となることがわかる．よって右辺の積分が r によらず一定となるのであるから

$$\int_0^{2\pi} u(x,y) d\theta = \int_0^{2\pi} u(x + r\cos\theta, y + r\sin\theta) d\theta$$

を得る．すなわち

$$u(x,y) = \frac{1}{2\pi} \int_0^{2\pi} u(x + r\cos\theta, y + r\sin\theta) d\theta \tag{4}$$

なる恒等式を得る．点 (x,y) を中心とした半径 r の円の上での調和関数 u の算術平均は，その中心での u の値 $u(x,y)$ に等しいのである．このことを簡単に，調和関数は**算術平均の性質** (4) をもつということにする．等式 (4) の両辺に r をかけて，r について 0 から ρ まで積分して $\rho^2/2$ でわれば（ρ を再び r で置き換えて）

$$u(x,y) = \frac{1}{\pi r^2} \iint_{(x-\xi)^2 + (y-\eta)^2 < r^2} u(\xi,\eta) d\xi d\eta \tag{4'}$$

を得る．(x,y) を中心とする半径 r の円板での調和関数の算術平均はその中心での u の値 $u(x,y)$ に等しいというのである．明らかに (4') から (4) を導くこともできる．

こうして次の定理を証明することができる．

定理 4.1 領域 D で調和な関数は D において算術平均の性質をもつ．逆に D で連続な関数がそこで算術平均の性質をもてば，それは何回でも微分が可能であって，しかも D で調和である．

証明 前半はすでに示した．そこで u は D で連続で (4') をみたしているとしよう．(4') を

$$u(x,y) = \frac{1}{\pi r^2} \int_{y-r}^{y+r} d\eta \int_{x-\sqrt{r^2-(y-\eta)^2}}^{x+\sqrt{r^2-(y-\eta)^2}} u(\xi,\eta) d\xi \tag{5}$$

と書き直してみれば，u が連続な偏導関数

4.1 調和関数と算術平均

$$u_x(x,y) = \frac{1}{\pi r^2} \int_{y-r}^{y+r} \left\{ u(x+\sqrt{r^2-(y-\eta)^2},\eta) \right.$$
$$\left. - u(x-\sqrt{r^2-(y-\eta)^2},\eta) \right\} d\eta \qquad (6)$$

をもつことがわかる．よって (6) は

$$u_x(x,y) = \frac{1}{\pi r^2} \int_{y-r}^{y+r} d\eta \int_{x-\sqrt{r^2-(y-\eta)^2}}^{x+\sqrt{r^2-(y-\eta)^2}} u_x(\xi,\eta) d\xi$$
$$= \frac{1}{\pi r^2} \iint_{(x-\xi)^2+(y-\eta)^2<r^2} u_x(\xi,\eta) d\xi d\eta \qquad (7)$$

とも書くことができる．他方 (4′) を

$$u(x,y) = \frac{1}{\pi r^2} \int_{x-r}^{x+r} d\xi \int_{y-\sqrt{r^2-(x-\xi)^2}}^{y+\sqrt{r^2-(x-\xi)^2}} u(\xi,\eta) d\eta$$

と書き直して,

$$u_y(x,y) = \frac{1}{\pi r^2} \int_{x-r}^{x+r} \left\{ u(\xi, y+\sqrt{r^2-(x-\xi)^2}) \right.$$
$$\left. - u(\xi, y-\sqrt{r^2-(x-\xi)^2}) \right\} d\xi \qquad (8)$$

を得る．よって上と同様にして

$$u_y(x,y) = \frac{1}{\pi r^2} \iint_{(x-\xi)^2+(y-\eta)^2<r^2} u_y(\xi,\eta) d\xi d\eta \qquad (9)$$

となることがわかる．

　以上により u_x, u_y は D で連続で，かつ算術平均の性質 (7), (9) をもつことがわかった．次に u_x, u_y から出発して上で用いた過程をたどって（u のかわりに u_x, u_y を考える）u_x, u_y が再び連続な偏導関数 u_{xx}, u_{xy}, u_{yy} をもち，かつこれらは算術平均の性質をもつことがわかる．このようにして u は何回でも微分できることがわかる．

　次に D において $\Delta u = 0$ なることを示そう．いま D 内の 1 点 P において $\Delta u > 0$ と仮定しよう．正数 ε を十分小さくとれば，点 P を中心とした半径 ε の円板 D_ε においても $\Delta u > 0$ としてよい．グリーンの公式 (2) を $v=1, D'=D_\varepsilon$ として適用すれば

$$0 < \iint_{D_\varepsilon} \Delta u\, dxdy = \int_{\overline{PQ}=\varepsilon} \frac{\partial u}{\partial n}(Q)ds$$
$$= \varepsilon \frac{\partial}{\partial \varepsilon} \int_0^{2\pi} u(x+\varepsilon\cos\theta, y+\varepsilon\sin\theta)d\theta$$
$$= \varepsilon \frac{\partial}{\partial \varepsilon}(2\pi u(P)) = 0.$$

これは不合理である．同様にして $\Delta u(P) < 0$ としても不合理な結論を引き出すことができる．よって D において $\Delta u = 0$ でなければならない．すなわち u は D において調和である． (証明終)

> **例題 4.1** $u(x,y) = x^2 - y^2$ は算術平均の性質を持つか．

解 $\Delta u = 2 - 2 = 0$ であるから定理 4.1 により算術平均の性質をもつことがわかる．しかしこれを直接証明しよう．

$$\frac{1}{2\pi}\int_0^{2\pi} u(x+r\cos\theta, y+r\sin\theta)d\theta$$
$$= \frac{1}{2\pi}\int_0^{2\pi}\{(x+r\cos\theta)^2 - (y+r\sin\theta)^2\}d\theta$$
$$= x^2 - y^2 + \frac{1}{2\pi}\int_0^{2\pi}\{2r(x\cos\theta - y\sin\theta) + r^2\cos 2\theta\}d\theta = u(x,y).$$

よってこの u は性質 (4) をもつことがわかる． (解終)

■**問 2** $u(x,y) = \log r\ (r^2 = x^2 + y^2)$ は原点を除いて，全平面で調和であることを示せ．

4.2 調和関数の性質

定理 4.1 を用いて，調和関数に関する 2, 3 の重要な性質をのべよう．領域 D が**連結**しているとは，D 内の任意の 2 点を，D 内を通る曲線で結ぶことができることである．まず次の定理から始めよう

> **定理 4.2（最大値の原理）** 連結な領域 D で調和な関数は，D で定数でなければ D の内部で最大値も最小値もとり得ない．

証明 $u(x,y)$ を連結領域 D で調和であるとする．u が D 内のある点 P_0 に

4.2 調和関数の性質

おいて最大値 M（または最小値 m）をとったとすれば，u は D において恒等的に M（または m）に等しくなることを証明すればよい．以下では $u(\mathrm{P}_0) = M$ ならば $u \equiv M$ ということだけを証明しよう．$u(\mathrm{P}_0) = m$ ならば $u \equiv m$ ということもまったく同様にして証明することができるからである．

D 内の点 P_0 で $u(\mathrm{P}_0) = M$ とする．いま $u(\mathrm{P}) = M$ となる D の点 P の全体を E とする．$\mathrm{P}_0 \in E$ であるから $E \neq \phi$ である．E に属する任意の点 P を中心とした半径 ε の円板 D_ε が D に含まれているとする．u は D で調和であるから，算術平均の性質 (4′) をもつ．よって

$$u(\mathrm{P}) = \frac{1}{\pi\varepsilon^2} \iint_{D_\varepsilon} u(\xi, \eta) d\xi d\eta$$

が成り立つ．他方，明らかに

$$u(\mathrm{P}) = \frac{1}{\pi\varepsilon^2} \iint_{D_\varepsilon} u(\mathrm{P}) d\xi d\eta$$

であるから

$$0 = \frac{1}{\pi\varepsilon^2} \iint_{D_\varepsilon} (u(\xi, \eta) - u(\mathrm{P})) d\xi d\eta \tag{1}$$

を得る．$u(\mathrm{P})$ は u の最大値 M に等しいことから，

$$u(\xi, \eta) - u(\mathrm{P}) = u(\xi, \eta) - M \leqq 0$$

となる．このことと (1) とから，すべての $(\xi, \eta) \in D_\varepsilon$ に対して $u(\xi, \eta) = M$ を得る．よって $D_\varepsilon \subset E$ なることがわかる．

証明すべきことは $E = D$ となることであるが，いまかりに $E \subsetneq D$ としてみよう．$D - E\,(\neq \phi)$ に属する点 P では $u(\mathrm{P}) < M$ であり，したがって P の十分小さな近傍においても $u < M$ としてよい（u の連続性から），すなわち P に十分に近い点はすべて $D - E$ に属する．

P_1 を E の点とし，P_2 を $D - E$ の点とする．P_1 と P_2 とを D 内で曲線 C で結ぶ．C 上の各点 P に対して

$$\mathrm{P} \in E \quad \text{ならば} \quad H(\mathrm{P}) = 1$$
$$\mathrm{P} \in D - E \quad \text{ならば，} \quad H(\mathrm{P}) = -1$$

よって定義される関数 $H(\mathrm{P})$ は C 上で連続となっていることは上で行った考察か

らわかる．何となれば C 上の各点 P の近傍で H は 1（P $\in E$ のとき）か，または -1（P $\in D-E$ のとき）に等しいからである．ところで $H(\mathrm{P})$ が 1 か，または -1 という値しかとらない連続関数であって，実際に $H(\mathrm{P}_1)=1, H(\mathrm{P}_2)=-1$ となっている．このことは明らかに中間値の定理に反する．それは $E \subsetneqq D$ と仮定したからであった．よって $E=D$ でなければならないことがわかる．すなわち $u \equiv M$ なる結論を得る． (証明終)

■**問 1** 上記の証明にならって，$u(\mathrm{P}_0)=m$ ならば $u \equiv m$ なることを証明せよ．

> **例題 4.2** 有界領域 D で調和で，D とその境界 Γ とをあわせた集合 $D+\Gamma (= D \cup \Gamma)$ で連続な関数はその最大値および最小値を Γ 上でとることを証明せよ．

解 u は D で調和で，$D+\Gamma$ で連続とする．$D+\Gamma$ は有界閉集合であるから u は必ず最大値および最小値を $D+\Gamma$ でとる．いま Γ 上で u が最大値をとらないと仮定しよう．このときにはその最大値を D 内の点 P_0 でとることになる．したがって P_0 を含む連結成分 $K(\mathrm{P}_0)$（D 内で点 P_0 と曲線で結ぶことのできる D の点の全体）で u は定数ではない．何となれば $K(\mathrm{P}_0)$ の境界は Γ の一部であり，したがって $K(\mathrm{P}_0)$ の境界上での u の値は，仮定により $u(\mathrm{P}_0)$ と異なるからである．u は $K(\mathrm{P}_0)$ で調和で，その内部の点 P_0 で最大値をとり，かつ $K(\mathrm{P}_0)$ で定数でないということがわかった．しかしこれは定理 4.2 に反する．よって u は必ずその最大値を Γ 上でとるのである．最小値の場合もまったく同様に議論することができる． (解終)

> **例題 4.3** $u(x,y)$ は有界領域 D で調和で，D とその境界 Γ との合併集合 $D+\Gamma$ で連続であって，Γ 上では $u=f$ ならば，すべての $\mathrm{P} \in D+\Gamma$ に対して
>
> $$|u(\mathrm{P})| \leqq \max_{\mathrm{Q} \in \Gamma} |f(\mathrm{Q})| \tag{2}$$
>
> なる不等式が成り立つことを証明せよ．

解 例題 4.2 により，すべての $\mathrm{P} \in D+\Gamma$ に対して

4.2 調和関数の性質

$$\min_{Q \in \Gamma} f(Q) \leqq u(P) \leqq \max_{Q \in \Gamma} f(Q) \tag{3}$$

が成り立っている．明らかに

$$-\max_{P \in \Gamma} |f(P)| \leqq \min_{P \in \Gamma} f(P), \quad \max_{P \in \Gamma} f(P) \leqq \max_{P \in \Gamma} |f(P)|$$

である．これと (3) とをあわせて直ちに (2) を得る． （解終）

> **定理 4.3** 有界領域 D で調和で，その境界 Γ との合併集合 $D+\Gamma$ で連続な関数の列 $u_n(x, y)(n = 1, 2, \cdots)$ が Γ 上で一様に収束すれば，$D+\Gamma$ においても一様に収束し，その極限関数 $u(x, y)$ は D で調和である．

証明 u_n の Γ 上の値を $f_n(x, y)$ とする．仮定によって f_n は Γ 上で一様収束する，すなわち

$$\lim_{n, m \to \infty} \max_{Q \in \Gamma} |f_n(Q) - f_m(Q)| = 0 \tag{4}$$

となっている．$u_n - u_m$ も D で調和であって，Γ 上では $u_n - u_m = f_n - f_m$ となっている．$u = u_n - u_m$ に対して不等式 (2) を適用して，(4) を用いることによって

$$\lim_{n, m \to \infty} \max_{P \in D+\Gamma} |u_n(P) - u_m(P)| = 0$$

の成り立つことがわかる．よって関数列 $u_n(x, y)$ は $D+\Gamma$ で一様に収束する．その極限関数を u とおく．明らかに u は $D+\Gamma$ で連続である．

次にこの u が算術平均の性質をもつことを示そう．定理 4.1 により各 u_n はかかる性質をもっている，すなわち

$$u_n(x, y) = \frac{1}{2\pi} \int_0^{2\pi} u_n(x + r\cos\theta, y + r\sin\theta) d\theta \quad (n = 1, 2, \cdots)$$

が成り立つ．ここで $n \to \infty$ とすれば

$$u(x, y) = \frac{1}{2\pi} \int_0^{2\pi} u(x + r\cos\theta, y + r\sin\theta) d\theta$$

の成り立つことがわかる．よって定理 4.1 により u は D で調和である．

（証明終）

定理 4.4 領域 D で調和な関数はそこで解析的である．すなわち D の各点 (x_0, y_0) の近傍で $(x-x_0)$, $(y-y_0)$ のべき級数（1 章 1.4 節の (12)）に展開できる．

証明 u を D で調和な関数とするとき，定理 4.1 によって，u は D で何回でも微分できるのであるから，(x_0, y_0) を D のかってな点とするとき，すべての自然数 n に対してテイラーの公式

$$u(x,y) = \sum_{k=0}^{n-1} \sum_{p+q=k} \frac{1}{p!q!} \frac{\partial^k u(x_0, y_0)}{\partial x^p \partial y^q}(x-x_0)^p (y-y_0)^q + R_n \quad (5)$$

が成り立つ，ただしここで

$$R_n = \sum_{p+q=n} (x-x_0)^p (y-y_0)^q \frac{1}{p!q!} \frac{\partial^n u}{\partial x^p \partial y^q}(x_0 + \theta(x-x_0), y_0 + \theta(y-y_0)) \quad (6)$$

である $(0 < \theta < 1)$．したがって (x_0, y_0) の近くで

$$\lim_{n \to \infty} R_n = 0 \quad (7)$$

が示されれば証明が完結する．

K は (x_0, y_0) を中心とする半径 δ の，D に含まれる閉円板とする．一般に K から a 以内の距離にある点の全体を K_a で表す（(x_0, y_0) を中心とする半径 $\delta + a$ の円板といってもよい）．$K_\rho \subset D$ なるように正数 ρ を選び，$L = K_\rho$ とおく．L における u の絶対値の最大値を M とすれば

$$|u(x,y)| \leqq M, \quad (x,y) \in L \quad (8)$$

となる．u は L で調和であるから，すべての $(x,y) \in K$ に対して 4.1 節の $(4')$ が $r = \rho$ として成り立つ．よって $r = \rho$ に対して 4.1 節の (6) と (8) が成り立つ．したがってその (6) を用いて

$$\begin{aligned}
&|u_x(x,y)| \\
&\leqq \frac{1}{\pi \rho^2} \int_{y-\rho}^{y+\rho} \{|u(x+\sqrt{\rho^2-(y-\eta)^2}, \eta)| + |u(x-\sqrt{\rho^2-(y-\eta)^2}, \eta)|\} d\eta \\
&\leqq \frac{1}{\pi \rho^2} 2\rho \cdot 2M = M \frac{4}{\pi \rho}, \quad (x,y) \in K
\end{aligned} \quad (9)$$

4.2 調和関数の性質

がわかる．まったく同様にその (8) から

$$|u_y(x,y)| \leqq M\frac{4}{\pi\rho}, \quad (x,y) \in K \tag{9'}$$

もわかる．

一般に，任意の自然数 n に対して

$$\left|\frac{\partial^n u}{\partial x^p \partial y^q}(x,y)\right| \leqq n^n M \left(\frac{4}{\pi\rho}\right)^n \quad (p+q=n), \quad (x,y) \in K \tag{10}$$

の成り立つことを示そう．$K_{j\rho/n} = K_j (j=1,\cdots,n-1)$ とおく．4.1 節の (6), (8) から (9), (9') を求めたのと同じ方法で（K のかわりに K_{n-1} を，ρ のかわりに ρ/n をとって）

$$|u_x(x,y)|, |u_y(x,y)| \leqq M\frac{4}{\pi\rho/n} = nM\frac{4}{\pi\rho}, \quad (x,y) \in K_{n-1} \tag{11}$$

を得る．同様にして（u のかわりに u_x または u_y を，L のかわりに K_{n-1} を，K のかわりに K_{n-2} を，そして ρ のかわりに ρ/n をとって），(11) を用いて

$$|u_{xx}(x,y)|, |u_{xy}(x,y)|, |u_{yy}(x,y)| \leqq nM\frac{4}{\pi\rho}\cdot\frac{4}{\pi\rho/n} = n^2 M\left(\frac{4}{\pi\rho}\right)^2,$$
$$(x,y) \in K_{n-2}$$

を得る．こうしてついには (10) を得ることは帰納法によって示すことができる．

さて初めに帰って (7) を考えよう．$0 < r_0 \leqq \delta/\sqrt{2}$ ならば

$$|x - x_0| < r_0, \quad |y - y_0| < r_0 \tag{12}$$

なる (x,y) は K に属する．(12) をみたす (x,y) に対して，(6) と (10) より（このとき $0 < \theta < 1$ ならば $(x_0 + \theta(x-x_0), y_0 + \theta(y-y_0))$ はまた K に属することに注意せよ）

$$|R_n| \leqq \sum_{p+q=n} r_0^n \frac{1}{p!q!} n^n M\left(\frac{4}{\pi\rho}\right)^n = M\left(\frac{4r_0}{\pi\rho}\right)^n \frac{n^n}{n!} \sum_{p+q=n} \frac{n!}{p!q!}$$
$$= M\left(\frac{8r_0}{\pi\rho}\right)^n \frac{n^n}{n!} \tag{13}$$

となる．ところが

$$n^n \leqq e^n n! \quad (n=1,2,\cdots) \tag{14}$$

が成り立つことから (13) は

$$|R_n| \leqq M \left(\frac{8r_0 e}{\pi \rho}\right)^n$$

となる．もしも r_0 を $0 < r_0 \leqq \delta/\sqrt{2}$ 以外にさらに

$$\frac{8r_0 e}{\pi \rho} < 1, \quad \text{すなわち} \quad r_0 < \frac{\pi \rho}{8e}$$

となるように選ぶならば，(12) をみたす (x,y) に対して (7) が成り立つ．したがって定理が証明された． (証明終)

■**問 2** (14) を証明せよ．[ヒント．(14) の両辺の対数を比較せよ．]

例題 4.4 $u(x,y)$ は連結領域 D で調和な関数で，D のある点 $P_0 = (x_0, y_0)$ で，その各階数の偏導関数がすべて零となるならば u は D において恒等的に零となることを証明せよ．

解 D の各点 $Q = (\xi, \eta)$ の近傍で

$$u(x,y) = \sum_{n=0}^{\infty} \sum_{p+q=n} \frac{1}{p!q!} \frac{\partial^n u(\xi, \eta)}{\partial x^p \partial y^q}(x-\xi)^p (y-\eta)^q \tag{15}$$

と展開できることは定理 4.4 でみた．u の各階数の偏導関数がすべて零となる D の点の全体を E とする．$P_0 \in E$ であるから $E \neq \phi$ である．E に属する点 Q のある近傍では，(15) によって，$u = 0$ となっている．よってその近傍の点はすべて E に含まれる．いまかりに $E \subsetneq D$ と仮定してみよう．$D - E (\neq \phi)$ に属する点 $Q = (\xi, \eta)$ では $\partial^n u(\xi, \eta)/\partial x^p \partial y^q \neq 0$ となる n と p, q $(p+q=n)$ がある．よってその点 Q の十分近くの点は E に含まれることはない．すなわち Q に十分近い点はすべて $D - E$ に属する．

$P_1 \in E$, $P_2 \in D - E$ とする．P_1 と P_2 とを D 内の曲線で結ぶ．C 上の点 P に対して，$P \in E$ ならば $H(P) = 1$, $P \in D - E$ ならば $H(P) = -1$ によって定義される関数 H が C 上で連続なことは定理 4.2 の証明中にのべたのとまったく同様である．このことは中間値の定理に反する．よって $E = D$ が結論されなければならない（定理 4.2 の証明参照）． (解終)

4.3 円に対するディリクレ問題

偏微分方程式を解くというとき,実際上はある種の**付帯条件**をみたすような解を求めることに意味があるのである.さらにそのような解がただ1つしか存在しないとき,その付帯条件はいま考えている偏微分方程式に**適合**しているという.かかる付帯条件は方程式の形や考えている領域の形によって異なるのである.双曲型方程式に適合した付帯条件のいくつかをすでに第3章でみた(コーシー問題および混合問題における付帯条件).この節ではポテンシャル方程式に適合した付帯条件(**境界条件**)について考えてみよう.

f をある有界領域 D の境界 Γ 上で定義された連続関数とする.このとき D において調和で,Γ 上で f に等しいような,$D+\Gamma$ で連続な関数 u を求めよという問題,すなわち

$$\begin{cases} \Delta u = u_{xx} + u_{yy} = 0 & (D \text{ において}) \\ u = f & (\Gamma \text{上で}) \end{cases} \tag{1}$$

をみたす u を求めよという問題を**ディリクレ**(Dirichlet)**問題**または**第1種境界値問題**という.「Γ 上で $u=f$」という付帯条件を**ディリクレ条件**という.ディリクレ条件がポテンシャル方程式に適合していることを示すことがこの節および次の節の主な目的である.解の一意性は前節の例題 4.3 の不等式 (2) を用いることによって簡単に示すことができる.

次に,D における調和関数 u で,$D+\Gamma$ 上で連続的微分可能,Γ 上での u の法線微分 $\partial u/\partial n$ が f に等しいような u を求めよという問題,すなわち

$$\begin{cases} \Delta u = 0 & (D \text{ において}) \\ \dfrac{\partial u}{\partial n} = f & (\Gamma \text{上で}) \end{cases} \tag{2}$$

をみたす u を求めよという問題を**ノイマン**(Neumann)**問題**または**第2種境界値問題**という.そして「Γ 上で $\partial u/\partial n = f$」という付帯条件を**ノイマン条件**という.

まず円に対するディリクレ問題を考えよう.原点を中心とした単位円を Γ とし,その内部を D として,ディリクレ問題 (1) の解を求めよう.この場合はとくに f は Γ 上で連続的微分可能とする.$f(\theta)$ は $-\infty < \theta < \infty$ において定義された,連続的微分可能な周期 2π の周期関数であるといってもよい.ポテン

シャル方程式を極座標で書き直して

$$u_{rr} + \frac{1}{r}u_r + \frac{1}{r^2}u_{\theta\theta} = 0 \tag{3}$$

となる．ここで第 3 章 3.2 節の II(C) で用いた解法（フーリエ級数による解法）にならって，方程式 (3) を

$$u(1,\theta) = f(\theta) \quad (0 \leqq \theta < 2\pi) \tag{4}$$

なる条件のもとで，$r < 1$ で解くことにしよう．まず

$$u(r,\theta) = R(r)H(\theta) \tag{5}$$

なる形の解を求めよう．これを (3) に代入して R と H に対する常微分方程式

$$\begin{cases} r^2 R'' + rR' - \lambda R = 0 & (6) \\ H'' + \lambda H = 0 & (7) \end{cases}$$

を得る．ここで λ は任意定数である．さらに H に対しては

$$H(0) = H(2\pi), \quad H'(0) = H'(2\pi) \tag{8}$$

をみたさねばならぬことは明らかである．

(8) をみたす方程式 (7) の解で，恒等的に零とならないものを求めることを考えよう．すなわち固有値問題 (7)-(8) を考える．

(i) $\lambda < 0$ のとき．方程式 (7) の一般解は

$$H(\theta) = c_1 e^{\sqrt{-\lambda}\theta} + c_2 e^{-\sqrt{-\lambda}\theta}$$

である．このとき条件 (8) は

$$\begin{cases} c_1 + c_2 = c_1 e^{2\pi\sqrt{-\lambda}} + c_2 e^{-2\pi\sqrt{-\lambda}} \\ c_1 - c_2 = c_1 e^{2\pi\sqrt{-\lambda}} - c_2 e^{-2\pi\sqrt{-\lambda}} \end{cases}$$

となる．これから $c_1 = c_2 = 0$ となり，このときには $H = 0$ 以外の解は存在しないことがわかる．

(ii) $\lambda = 0$ のとき．(7) の一般解は

$$H(\theta) = c_1 + c_2\theta$$

4.3 円に対するディリクレ問題

であり, (8) から $c_2 = 0$ となり, このときには $H = $ 定数だけが (8) をみたす (7) の解となる.

(iii) $\lambda > 0$ のとき. (7) の一般解は

$$H(\theta) = c_1 \cos\sqrt{\lambda}\theta + c_2 \sin\sqrt{\lambda}\theta$$

であり, 条件 (8) は

$$\begin{cases} c_1(\cos 2\pi\sqrt{\lambda} - 1) + c_2 \sin 2\pi\sqrt{\lambda} = 0 \\ -c_1 \sin 2\pi\sqrt{\lambda} + c_2(\cos 2\pi\sqrt{\lambda} - 1) = 0 \end{cases}$$

となる. もしも

$$\begin{vmatrix} \cos 2\pi\sqrt{\lambda} - 1 & \sin 2\pi\sqrt{\lambda} \\ -\sin 2\pi\sqrt{\lambda} & \cos 2\pi\sqrt{\lambda} - 1 \end{vmatrix} = 2(1 - \cos 2\pi\sqrt{\lambda}) \neq 0,$$

すなわち $\lambda \neq n^2 (n = 1, 2, \cdots)$ ならば $c_1 = c_2 = 0$ となり, $H = 0$ 以外の解は存在しない. ところが $\lambda = n^2 (n = 1, 2, \cdots)$ のときには, a_n, b_n がどんな定数であっても

$$H_n(\theta) = a_n \cos n\theta + b_n \sin n\theta$$

が (8) をみたす (7) の解となる. すなわち $\lambda_n = n^2$ が**固有値**で $H_n(\theta)$ はそれに対応する**固有関数**である.

$\lambda = n^2 (n = 0, 1, \cdots)$ のとき方程式 (6) は

$$r^2 R'' + rR' - n^2 R = 0$$

となり, これは, $n = 0$ のときは $R = 1$ と $R = \log r$, $n = 1, 2, \cdots$ のときは $R = r^n$ と $R = r^{-n}$ なる解をもつ. よって単位円 $r < 1$ で連続な (5) なる形の解は

$$u_0(r, \theta) = a_0/2, \quad u_n(r, \theta) = r^n(a_n \cos n\theta + b_n \sin n\theta) \quad (n = 1, 2, \cdots)$$

となる. 重ね合せの原理により

$$u(r, \theta) = \sum_{n=0}^{\infty} u_n(r, \theta) \tag{9}$$

も方程式 (3) をみたしているであろう. 境界条件 (4) をみたすように定数

$a_0, a_n, b_n (n=1,2,\cdots)$ が決まれば，すなわち

$$\frac{a_0}{2} + \sum_{n=1}^{\infty}(a_n \cos n\theta + b_n \sin n\theta) = f(\theta) \tag{10}$$

をみたすように決まれば (9) はディリクレ問題 (3)-(4) の解となることが予測できよう．

第 2 章の定理 2.3 により

$$\begin{aligned}a_n &= \frac{1}{\pi}\int_0^{2\pi} f(\theta)\cos n\theta d\theta \ (n=0,1,\cdots), \\ b_n &= \frac{1}{\pi}\int_0^{2\pi} f(\theta)\sin n\theta d\theta \ (n=1,2,\cdots)\end{aligned} \tag{11}$$

ととるならば，(10) の左辺の三角級数は絶対かつ一様に $f(\theta)$ に収束することがわかる．この a_n, b_n を用いて

$$U_n(r,\theta) = \frac{a_0}{2} + \sum_{k=1}^{n} r^k(a_k \cos k\theta + b_k \sin k\theta)$$

とおけば，これは明らかに全平面で調和な関数であって，$U_n(1,\theta)$ は $n \to \infty$ のとき，一様に $f(\theta)$ に収束することを上でみた．定理 4.3 により $U_n(r,\theta)$ は $r \leqq 1$ で一様に収束し，その極限関数

$$u(r,\theta) = \frac{a_0}{2} + \sum_{n=1}^{\infty} r^n(a_n \cos n\theta + b_n \sin n\theta) \tag{12}$$

は $r<1$ で調和，$r \leqq 1$ で連続，そして $u(1,\theta)=f(\theta)$ となっている．よってこの u がディリクレ問題 (3)-(4) の唯一の解となる．(11) の a_n, b_n を (12) に代入して $u(r,\theta)$ を変形すると

$$\begin{aligned}u(r,\theta) &= \frac{1}{2\pi}\int_0^{2\pi} f(t)dt + \sum_{n=1}^{\infty}\frac{r^n}{\pi}\int_0^{2\pi} f(t)(\cos nt \cos n\theta + \sin nt \sin n\theta)dt \\ &= \frac{1}{2\pi}\int_0^{2\pi} f(t)\left\{1 + 2\sum_{n=1}^{\infty} r^n \cos n(\theta-t)\right\}dt\end{aligned}$$

となる．さらに，$r<1$ ならば

4.3 円に対するディリクレ問題

$$1 + 2\sum_{n=1}^{\infty} r^n \cos n\omega = -1 + 2\sum_{n=0}^{\infty} r^n \cos n\omega = -1 + 2\mathrm{Re}\sum_{n=0}^{\infty} r^n e^{in\omega}$$

$$= -1 + 2\mathrm{Re}\frac{1}{1-re^{i\omega}} = \frac{1-r^2}{1+r^2-2r\cos\omega}$$

となるから（$\mathrm{Re}\, z$ は複素数 z の実数部分のこと），$r<1$ において

$$u(r,\theta) = \frac{1}{2\pi}\int_0^{2\pi} f(t)\frac{1-r^2}{1+r^2-2r\cos(\theta-t)}dt \tag{13}$$

なる公式を得る．この積分を f の**ポアソン（Poisson）積分**という．

$f(\theta)$ がただ単に連続である場合にも公式 (13) はディリクレ問題 (3)-(4) の解を与えるのである（演習問題 3）．

■**問 1** ポアソン積分の核（ポアソン核）

$$P(r,\theta) = \frac{1}{2\pi}\frac{1-r^2}{1+r^2-2r\cos\theta} \quad (r\leqq 1,\quad 0\leqq\theta\leqq 2\pi)$$

は $r<1$ で正の調和関数（(3) をみたすこと）であって，$\theta\neq 0, 2\pi$ のときには $P(1,\theta)=0$ であることを示せ．

■**問 2** $r<1$ なるとき，すべての θ に対して

$$\int_0^{2\pi} P(r,\theta-t)dt = 1 \quad (r<1)$$

を示せ．

定理 4.5 $f(\theta)$ は $-\infty<\theta<\infty$ で定義された周期 2π の連続関数とする．このとき f のポアソン積分 (13) はディリクレ問題 (3)-(4) の唯一の解である．

例題 4.5 単位円周上で $f(\theta)=2\sin\theta+\cos 2\theta$ なる値をとり，単位円板内で調和な関数を求めよ．

解 (11) によって $f(\theta)$ のフーリエ級数を求め，それを (12) に代入して解が求まる．明らかに $a_2=1$, $b_1=2$ であって，その他の a_n, b_n はすべて零である．よって求めるべき解は

$$u = 2r\sin\theta + r^2\cos 2\theta = 2y + x^2 - y^2. \tag*{(解終)}$$

例題 4.6　単位円板内で調和な関数 u であって，その円周上では
$$\frac{\partial u}{\partial r} = 3\cos\theta + 2\sin 2\theta$$
となるような u を求めよ．

解　(12) を r で微分して $r=1$ とおいたものが $3\cos\theta + 2\sin 2\theta$ に等しくなるように定数 $a_0, a_n, b_n (n=1,2,\cdots)$ を決めればよい．すなわち
$$\sum_{n=1}^{\infty} n(a_n \cos n\theta + b_n \sin n\theta) = 3\cos\theta + 2\sin 2\theta$$
より，$a_1 = 3$，$b_2 = 1$，そしてその他の a_n, b_n は任意定数 a_0 を除いては零となる．よって求めるべき解は
$$u = 3r\cos\theta + r^2 \sin 2\theta + c = 3x + 2xy + c$$
である．ここで c は任意定数である．　　　　　　　　　　　　　　　　（解終）

4.4　一般の領域に対するディリクレ問題

領域 D は有界であって，その境界 Γ は有限個の閉曲線から成っているとする．さらに f は Γ 上で与えられた連続関数とする．このとき，ディリクレ問題
$$\begin{cases} \Delta u = 0 & (D \text{ において}) \\ u = f & (\Gamma \text{上で}) \end{cases} \tag{1}$$
の解の一意性 (I) と解の存在 (II,III,IV) について説明しよう．解の作り方にはいろいろあるが，そのうちでも重要と思われるものをくわしく解説した．最後にノイマン問題
$$\begin{cases} \Delta u = 0 & (D \text{ において}) \\ \dfrac{\partial u}{\partial n} = f & (\Gamma \text{上で}) \end{cases} \tag{2}$$
について簡単にふれることにする．

　(I)　**解の一意性**　この節の初めにものべたように最大値の原理（4.2 節の例題 4.3 の不等式 (2)）を用いて直ちに証明される．いま 2 つの解 u と v があっ

4.4 一般の領域に対するディリクレ問題

たとする．$w = u - v$ は D で調和でかつ $D + \Gamma$ で連続であって Γ 上で $w = 0$ をみたしている．よって 4.2 節の不等式 (2) が適用できて，直ちに $w = 0$ を得る．すなわち $u = v$ となっているのである．

4.1 節でのべたグリーンの公式 (2) を用いて直接証明することもできる．その公式において，u, v として w をとれば

$$\iint_D (w_x{}^2 + w_y{}^2) dx dy = \int_\Gamma w \frac{\partial w}{\partial n} ds$$

を得る．よって Γ 上で $w = 0$ なることから $w_x = w_y = 0$ となり，したがって $w = 0$ を得る

(II) **解の存在**（優調和関数による方法） D で定義された連続関数 v がそこで**優調和**であるとは，任意の点 $(x, y) \in D$ と任意の正数 r（点 (x, y) を中心とする半径 r の円板が D に含まれるような r に限られることは無論である．以下においても同様である）に対して

$$v(x, y) \geqq \frac{1}{2\pi} \int_0^{2\pi} v(x + r\cos\theta, y + r\sin\theta) d\theta \tag{3}$$

が成り立つことである．これはまた

$$v(x, y) \geqq \frac{1}{\pi r^2} \iint_{(x-\xi)^2 + (y-\eta)^2 \leqq r^2} v(\xi, \eta) d\xi d\eta \tag{3'}$$

の成り立つことであるということもできる（4.1 節の (4') 参照）．

■**問 1** u が調和ならば cu（c は定数）は優調和であること，および v_1, v_2 が優調和ならば $c_1 v_1 + c_2 v_2$（c_1, c_2 は正の定数）も優調和となることを示せ．

■**問 2** $D + \Gamma$ で連続であって，かつ D で優調和な関数はその最小値を Γ 上でとることを証明せよ（定理 4.2 およびそれに続く例題 4.2 におけると同様に証明できる）．

f を Γ 上の連続関数とするとき，$D + \Gamma$ で連続な関数 v が D で優調和であって，かつ Γ 上では $v \geqq f$ をみたすならば，v のことを f と D に関する**優関数**という．かかる v の全体を $S(f, D)$ と書くことにする．

ディリクレ問題 (1) の解 u があったとすれば，これは明らかに f と D に関する優関数である．すなわち $u \in S(f, D)$ である．そればかりでなく実はこの u が一番小さな優関数となっているのである（すべての $v \in S(f, D)$ に対して $v \geqq u$ なること）．何となれば任意の $v \in S(f, D)$ に対して $v - u$ は $D + \Gamma$ で連続で，かつ D で優調和である（問 1 を参照）．また Γ 上では $v - u = v - f \geqq 0$

であるから，問 2 によって，D においても $v - u \geq 0$ となることがわかる．よって $D + \Gamma$ において $v \geq u$ を得る．

逆に一番小さな優関数があったとすれば，それがディリクレ問題 (1) の解となっていることを証明することができる．それには $u \in S(f, D)$ であってかつすべての $v \in S(f, D)$ に対して $u \leq v$ とするとき，u は D で調和な関数となることを示せばよい．

以下において，しばらく，そのための準備をしよう．v を D で連続な関数とし，K を D に含まれる任意の円板とする．K の内部で調和で，K の境界で v に等しいような関数は存在して，ポアソン積分で与えられることは定理 4.5 からわかる．これを V と書くことにする．さて，K の内部でこの V に等しく，K の外では v に等しいような，D における連続関数を v_K と書くことにする．このとき次の命題を簡単に証明することができる：

(A)　v が D で優調和ならば，そこにおいて $v \geq v_K$ である．

(B)　v, w が D で連続で，$v \geq w$ ならば，そこにおいて $v_K \geq w_K$ である．

(C)　u が D で連続かつ K において調和ならば，D において $u = u_K$ である．

(D)　K の中心を (x, y)，その半径を r とする．このとき，D で連続な任意の関数 v に対して

$$v_K(x, y) = \frac{1}{2\pi} \int_0^{2\pi} v(x + r\cos\theta, y + r\sin\theta) d\theta$$

が成り立つ．

■ **問 3**　以上の命題を証明せよ ((A) は問 2 によって，(B) は定理 4.2 とそれに続く例題 4.2 によって，(C) は解の一意性 (I) によって，(D) は定理 4.1 によって示すことができる)．

さて本題にもどろう．u を一番小さな優関数とする．すなわち $u \in S(f, D)$ であって，かつすべての $v \in S(f, D)$ に対して $u \leq v$ とする．D の任意の点 (x, y) を中心とする半径 r の円板を K とするとき，(A) によって $u \geq u_K$ である．ここでもし $u_K \in S(f, D)$ が証明できたとすれば，u に対する仮定から直ちに $u \leq u_K$ を得る．よって $u = u_K$ となり，u は K において調和なことがわかる．K は D 内の任意の円板であったから，u は D で調和となるのである．

最後に $u_K \in S(f, D)$ を証明しよう．任意の点 $(x_1, y_1) \in D$ を中心にもつ半径 r_1 の円板を K_1 とする．このとき，

4.4 一般の領域に対するディリクレ問題

$$u_K(x_1,y_1) \geqq \frac{1}{2\pi}\int_0^{2\pi} u_K(x_1+r_1\cos\theta, y_1+r_1\sin\theta)d\theta \tag{4}$$

を示せばよい（Γ 上では $u_K = u = f$ となっているから）．$(x_1,y_1) \notin K$ のときには，$u(x_1,y_1) = u_K(x_1,y_1)$ かつ D において $u \geqq u_K$ であるから

$$u_K(x_1,y_1) = u(x_1,y_1) \geqq \frac{1}{2\pi}\int_0^{2\pi} u(x_1+r_1\cos\theta, y_1+r_1\sin\theta)d\theta$$
$$\geqq \frac{1}{2\pi}\int_0^{2\pi} u_K(x_1+r_1\cos\theta, y_1+r_1\sin\theta)d\theta$$

を得る．よって (4) が示された．

次に $(x_1,y_1) \in K$ のときを考える．このときはさらに $K \subset K_1$ と $K \not\subset K_1$ とにわけて考えよう．

まず $K \subset K_1$ とする．$u_K \leqq u$ と (B) より $(u_K)_{K_1} \leqq u_{K_1}$ を得る．u_{K_1} は K で調和であるから，(C) によって $u_{K_1} = (u_{K_1})_K$ となる．(A) から $u_{K_1} \leqq u$ がわかり，したがって (B) から $(u_{K_1})_K \leqq u_K$ が結論される．以上より $(u_K)_{K_1} \leqq u_K$ となり，したがって (D) によって (4) が示される．

次に $K \not\subset K_1$ のときには $(u_K)_{K_1}, u_K$ は共に $K \cap K_1$ で調和である．K の境界と K_1 との共通部分を C とし，K_1 の境界と K とのそれを C_1 とする（図 4.1）．C 上では明らかに $u = u_K$ である．(A) によって $u \geqq u_K$ であるから，(B) によって $u_{K_1} \geqq (u_K)_{K_1}$ である．したがって $u \geqq (u_K)_{K_1}$ を得る．こうして C 上では $(u_K)_{K_1} \leqq u_K$ を得る．他方 C_1 上では明らかに $(u_K)_{K_1} = u_K$ である．最大値の原理により，$K \cap K_1$ において $(u_K)_{K_1} \leqq u_K$ が導かれる．$(x_1,y_1) \in K \cap K_1$ であるから，(D) によって再び (4) が示される．

こうしてすべての K_1 に対して (4) が証明された．すなわち $u_K \in S(f,D)$ が示されたのである．

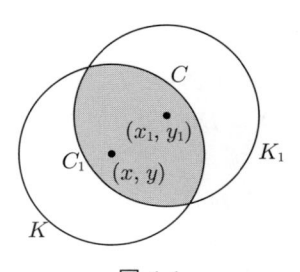

図 4.1

以上により最小の優関数がみつかればそれがディリクレ問題 (1) の解となることがわかった．(x,y) を D の任意の点とし，それを固定する．v を $S(f,D)$ の中で動かすことによってできる $v(x,y)$ の集合，すなわち集合 $\{v(x,y); v \in S(f,D)\}$ の下限を $u(x,y)$ とおけば，すべての $v \in S(f,D)$ に対して $u(x,y) \leqq v(x,y)$ となっていることは明らかである．もしも $u \in S(f,D)$ がいえれば，これがディリクレ問題 (1) の解となるのである．実際に $u \in S(f,D)$ を証明することができるのである（参考書 [1] の §31 を参照）．

(III) **解の存在**（ディリクレの原理による方法） $D + \varGamma$ で連続的微分可能で，かつ $\varGamma$ 上では，そこで与えられた連続関数 f に等しいような関数 v の全体を $B(f,D)$ と書くことにする．$v \in B(f,D)$ に対して

$$D(v) = \iint_D (v_x{}^2 + v_y{}^2) dx dy$$

を v の**ディリクレ積分**という．いまディリクレ問題 (1) の解 u が $B(f,D)$ の中にみつかったとしよう．このとき，すべての $v \in B(f,D)$ に対して

$$D(u) \leqq D(v) \tag{5}$$

が成り立っているのである．これを**ディリクレの原理**という．これを証明しよう．$v - u = g$ とおけば，

$$D(v) = D(g+u) = \iint_D (g_x{}^2 + g_y{}^2) dx dy + \iint_D (u_x{}^2 + u_y{}^2) dx dy$$
$$+ 2 \iint_D (g_x u_x + g_y u_y) dx dy$$

となる．4.1 節のグリーンの公式 (2) を用いて

$$D(v) = D(g) + D(u) - 2 \iint_D g \Delta u \, dx dy + 2 \int_\varGamma g \frac{\partial u}{\partial n} ds$$

を得る．D において $\Delta u = 0$ であり，$\varGamma$ 上で $g = 0$ であるから，$D(v) = D(g) + D(u)$ となる．明らかに $D(g) \geqq 0$ であるから (5) が成り立つことがわかる．

逆にすべての $v \in B(f,D)$ に対して (5) をみたすような $u \in B(f,D)$，すなわち $B(f,D)$ に属する関数のうちで，そのディリクレ積分が最小となるものはディリクレ問題 (1) の解を与えることを証明しよう．$\varphi(x,y)$ を $D + \varGamma$ で連続

4.4 一般の領域に対するディリクレ問題

的微分可能で，Γ 上では $\varphi = 0$ をみたす任意の関数とする（$\varphi \in B(0, D)$ のこと）．すべての実数 t に対して明らかに $u + t\varphi \in B(f, D)$ である．u に対する仮定 (5) より

$$D(u) \leqq D(u + t\varphi) = D(u) + t^2 D(\varphi) + 2t \iint_D (u_x \varphi_x + u_y \varphi_y) dx dy$$

となり，よって

$$t^2 D(\varphi) + 2t \iint_D (u_x \varphi_x + u_y \varphi_y) dx dy \geqq 0$$

がすべての t に対して成り立っているのである．したがって，すべての $\varphi \in B(0, D)$ に対して

$$\iint_D (u_x \varphi_x + u_y \varphi_y) dx dy = 0 \qquad (6)$$

でなければならない．このことを用いて，u が D において算術平均の性質をもつことを以下で示そう．

K_ε, K をそれぞれ点 $(\xi, \eta) \in D$ を中心とする半径 $\varepsilon, \rho (\rho > \varepsilon)$ の円板とする．そこで

$$\varphi(x, y) = \begin{cases} \dfrac{1}{2\pi} \left\{ \log \dfrac{\varepsilon}{\rho} + \dfrac{1}{2} r^2 \left(\dfrac{1}{\varepsilon^2} - \dfrac{1}{\rho^2} \right) \right\} & (r \leqq \varepsilon) \\ \dfrac{1}{2\pi} \left\{ \log \dfrac{r}{\rho} + \dfrac{1}{2} r^2 \left(\dfrac{1}{r^2} - \dfrac{1}{\rho^2} \right) \right\} & (\varepsilon < r \leqq \rho) \\ 0 & (\rho < r) \end{cases} \qquad (7)$$

によって定義される関数を考える．ここで ρ は $K \subset D$ なるように選んであるものとし，$r = \sqrt{(x-\xi)^2 + (y-\eta)^2}$ とする．この φ はいたる所で連続的微分可能であって，K の外では $\varphi = 0$ となっており，さらに $r = \varepsilon$ および $r = \rho$ 以外では 2 回微分が可能で，とくに

$$\Delta \varphi = \begin{cases} \dfrac{1}{\pi} \left(\dfrac{1}{\varepsilon^2} - \dfrac{1}{\rho^2} \right) & (r < \varepsilon) \\ -\dfrac{1}{\pi \rho^2} & (\varepsilon < r < \rho) \\ 0 & (\rho < r) \end{cases} \qquad (8)$$

となっていることも容易に確かめることができる．したがって (7) によって定

まる φ に対しても (6) が成り立っていることになる．この φ を (6) に代入して

$$\iint_{K_\varepsilon}(u_x\varphi_x+u_y\varphi_y)dxdy+\iint_{K-K_\varepsilon}(u_x\varphi_x+u_y\varphi_y)dxdy=0 \qquad (9)$$

と書くことができる．左辺の 2 つの積分に対して 4.1 節のグリーンの公式 (2) を用いて

$$\iint_{K_\varepsilon}(u_x\varphi_x+u_y\varphi_y)dxdy=\int_{r=\varepsilon}u\frac{\partial\varphi}{\partial r}ds-\iint_{K_\varepsilon}u\Delta\varphi dxdy,$$

$$\iint_{K-K_\varepsilon}(u_x\varphi_x+u_y\varphi_y)dxdy$$
$$=\int_{r=\varepsilon}u\left(-\frac{\partial\varphi}{\partial r}\right)ds+\int_{r=\rho}u\frac{\partial\varphi}{\partial r}ds-\iint_{K-K_\varepsilon}u\Delta\varphi dxdy$$

を得る（$K-K_\varepsilon$ の境界 $r=\varepsilon$ 上では $\partial\varphi/\partial n=-\partial\varphi/\partial r$ となることに注意せよ）．$r=\rho$ では $\partial\varphi/\partial r=0$ であるから，(9) から

$$\iint_K u\Delta\varphi dxdy=0$$

となる．よって (8) を用いて

$$\left(\frac{1}{\pi\varepsilon^2}-\frac{1}{\pi\rho^2}\right)\iint_{r<\varepsilon}udxdy-\frac{1}{\pi\rho^2}\iint_{\varepsilon<r<\rho}udxdy=0 \qquad (10)$$

と書くことができる．

$$\lim_{\varepsilon\to 0}\frac{1}{\pi\varepsilon^2}\iint_{r<\varepsilon}udxdy=u(\xi,\eta)$$

であるから，(10) において $\varepsilon\to 0$ として

$$u(\xi,\eta)=\frac{1}{\pi\rho^2}\iint_{r<\rho}udxdy$$

を得る．こうして u は D において算術平均の性質をもつことがわかった．よって定理 4.1 により u は D で調和なことがわかる．明らかに $\varGamma$ 上では $u=f$ であるから，この u はディリクレ問題 (1) の解となる．

　それではいかにして最小のディリクレ積分をもつ $B(f,D)$ の元をみつけることができるか．ディリクレ積分 $D(v)$ の $v\in B(f,D)$ に関する下限，すなわち集合 $\{D(v);v\in B(f,D)\}$ の下限を L とするとき，

4.4 一般の領域に対するディリクレ問題

$$\lim_{n\to\infty} D(v_n) = L$$

となる関数の列 $v_n \in B(f, D)$ を適当にとるならば，この関数列が収束して，その極限関数が求めるべきものであることが証明できるのである．

(IV) **解の存在**（積分方程式による方法，その他） D 内の一点 $\mathrm{P} = (x, y)$ を中心とする半径 ε の円板を (III) におけるように K_ε とする．4.1 節のグリーンの公式 (3) において，

$$v(\xi, \eta) = \log r \qquad (r = \overline{\mathrm{PQ}} = \sqrt{(x-\xi)^2 + (y-\eta)^2}\,)$$

とおけば，$(\xi, \eta) = (x, y)$ 以外では $\Delta v = 0$ であるから

$$\begin{aligned}
&\iint_{D-K_\varepsilon} \log r \cdot \Delta u d\xi d\eta \\
&= \int_\Gamma \left(\log r \cdot \frac{\partial u}{\partial n} - u\frac{\partial}{\partial n}\log r\right) ds - \int_{r=\varepsilon} \left(\log r \cdot \frac{\partial u}{\partial r} - u\frac{1}{r}\right) ds \\
&= \int_\Gamma \left(\log r \cdot \frac{\partial u}{\partial n} - u\frac{\partial}{\partial n}\log r\right) ds - \log\varepsilon \int_{r=\varepsilon} \frac{\partial u}{\partial r} ds + \frac{1}{\varepsilon}\int_{r=\varepsilon} u ds
\end{aligned}$$

となる（図 4.2）．ここで

$$\lim_{\varepsilon\to 0}\log\varepsilon \int_{r=\varepsilon} \frac{\partial u}{\partial r} ds = \lim_{\varepsilon\to 0}\log\varepsilon \cdot 2\pi\varepsilon \frac{\partial u}{\partial r}(x, y) = 0,$$

$$\lim_{\varepsilon\to 0}\frac{1}{\varepsilon}\int_{r=\varepsilon} u ds = \lim_{\varepsilon\to 0}\frac{1}{\varepsilon}2\pi\varepsilon u(\xi, \eta) = 2\pi u(x, y)$$

であるから，$\varepsilon \to 0$ として次の公式を得る．

$$u(x, y) = \frac{1}{2\pi}\iint_D \log r \cdot \Delta u d\xi d\eta + \frac{1}{2\pi}\int_\Gamma \left(u\frac{\partial}{\partial n}\log r - \log r \cdot \frac{\partial u}{\partial n}\right) ds. \tag{11}$$

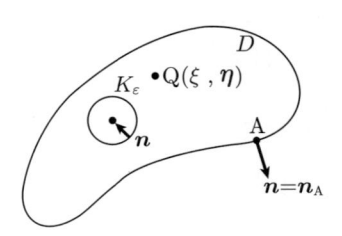

図 4.2

u がとくにディリクレ問題 (1) の解ならば,D のすべての点 (ξ,η) において

$$u(x,y) = \frac{1}{2\pi}\int_\Gamma \left(f\frac{\partial}{\partial n_{\mathrm{A}}}\log r - \frac{\partial u}{\partial n_{\mathrm{A}}}\log r\right)ds \tag{12}$$

が成り立つ.

Γ 上で連続な関数 ω に対して

$$V_\omega(x,y) = \frac{1}{2\pi}\int_\Gamma \omega\log\frac{1}{r}ds,\quad W_\omega(x,y) = \frac{1}{2\pi}\int \omega\frac{\partial}{\partial n_{\mathrm{A}}}\log\frac{1}{r}ds \quad (r=\overline{\mathrm{AP}})$$

はそれぞれ線密度 ω の分布をもつ **1 重層ポテンシャル**および **2 重層ポテンシャル**と呼ばれる.これらは共に D 内で調和である.このとき (12) は

$$u(x,y) = V_g(x,y) - W_f(x,y) \quad \left(g = \frac{\partial u}{\partial n}\right) \tag{13}$$

と書くことができる.(13) の右辺がディリクレ問題 (1) の解となるためには,Γ 上でその法線微分が g に等しくなるように g を決めればよい.以下でその準備をしておこう.

一般に 1 重層ポテンシャルは閉領域 $D\cup\Gamma$ で連続で,Γ 上の点 $\mathrm{P}=(x,y)$ での法線微分は

$$\frac{\partial}{\partial n_{\mathrm{P}}}V_\omega(x,y) = \frac{1}{2\pi}\int_\Gamma \frac{\partial}{\partial n_{\mathrm{P}}}\log\frac{1}{r}ds + \frac{1}{2}\omega(x,y) \tag{14}$$

と計算できること,そして 2 重層ポテンシャルは,D 内の点 $\mathrm{P}'=(x',y')$ から Γ 上の点 $\mathrm{P}=(x,y)$ に近づいたとき

$$\lim_{\mathrm{P}'\to\mathrm{P}} W_\omega(x',y') = -\frac{1}{2\pi}\int \omega\frac{\partial}{\partial n_{\mathrm{A}}}\log r\, ds - \frac{1}{2}\omega(x,y) \tag{15}$$

となることが知られている(参考書 [1] の §34 を参照).

さて,(15) から W_f は連続な境界値 $-W_f(x,y) - f(x,y)/2$ をもつ調和関数であることがわかる.よって (14) を使って,g のみたすべき方程式

$$\begin{aligned}g(x,y) &= \frac{\partial}{\partial n_{\mathrm{P}}}(V_g(x,y) - W_f(x,y))\\ &= \frac{1}{2\pi}\int_\Gamma g\frac{\partial}{\partial n_{\mathrm{P}}}\log\frac{1}{r}ds + \frac{1}{2}g(x,y) - \frac{\partial}{\partial n}W_f(x,y),\end{aligned}$$

すなわち,**積分方程式**(第 2 種フレッドホルム型)

4.4 一般の領域に対するディリクレ問題

$$g(x,y) = \frac{1}{\pi}\int_\Gamma g(\xi,\eta)\frac{\overrightarrow{AP}\cdot \boldsymbol{n}_P}{\overline{AP}^2}ds_A - 2\frac{\partial}{\partial n}W_f(x,y) \tag{16}$$

を得る．ただし $A = (\xi,\eta)$, $\overline{AP} = |\overrightarrow{AP}|$, $\boldsymbol{n}_P$ は P における単位外法線ベクトル，そして $\overrightarrow{AP}\cdot \boldsymbol{n}_P$ はベクトルの内積である．方程式 (16) はちょうど 1 つの解をもつことが知られている（同書参照）．

■**問 4** Γ 上の点 A に $\boldsymbol{n}_A$ 方向に置かれた双極子（モメント $le = 1$）による電気ポテンシャルは

$$\frac{1}{2\pi}\frac{\partial}{\partial n_A}\log\frac{1}{r} = \frac{\overrightarrow{AP}\cdot \boldsymbol{n}_A}{2\pi r^2} \quad (r = \overline{AP}) \tag{17}$$

によって与えられることを示せ（図 4.3）．

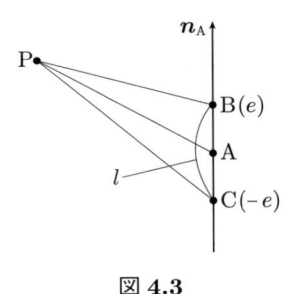

図 4.3

例題 4.7 積分方程式（第 2 種フレッドホルム型）

$$\omega(x,y) = -\frac{1}{\pi}\int_\Gamma \omega(\xi,\eta)\frac{\overrightarrow{AP}\cdot \boldsymbol{n}_A}{r^2}ds_A - 2f(x,y) \tag{18}$$

の解を $\omega(x,y)$ とする．ただし $P = (x,y)$, $A = (\xi,\eta)$ そして $r = \overline{AP}$ である．この ω を線密度とする 2 重層ポテンシャル $u(x,y) = W_\omega(x,y)$ はディリクレ問題 (1) の解であることを証明せよ．

解 D 内の点 $P' = (x',y')$ における 2 重層ポテンシャルの値は

$$u(x',y') = W_\omega(x',y') = \frac{1}{2\pi}\int_\Gamma \omega(\xi,\eta)\frac{\overrightarrow{AP'}\cdot \boldsymbol{n}_A}{r'}ds_A \quad (r' = \overrightarrow{AP'})$$

と書ける．点 P' が Γ 上の点 $P = (x, y)$ に近づいたとき，(15) により

$$\lim_{P' \to P} u(x', y') = -\frac{1}{2}\omega(x, y) - \frac{1}{2\pi}\int_\Gamma \omega(\xi, \eta)\frac{\overrightarrow{AP}\cdot \boldsymbol{n}_A}{r}ds_A \quad (P \in \Gamma)$$

となる．ω が (18) をみたすことから，Γ 上で $u = f$ を得る．したがって $u = W_\omega$ はディリクレ問題 (1) の解である． (解終)

その他，考えている領域を等角写像によって単位円板に写して解く方法，微分方程式 $\Delta u = 0$ をいわゆる差分方程式で近似して解く方法などがある．

以上 (I)，(II)，(III)，(IV) をまとめて次の定理を得る．

> **定理 4.6** D は有界領域であって，その境界 Γ は有限個の閉曲線から成っているとする．さらに f は Γ 上で与えられた連続関数とする．このときディリクレ問題 (1) はただ 1 つの解をもつ．すなわちディリクレ条件はポテンシャル方程式に適合している．

(V) **ノイマン問題** 最後に，前節の初めにのべたノイマン問題 (2) について考えてみよう．u と v がノイマン問題 (2) の解であったとする．4.1 節のグリーンの公式 (2) における u, v のところへ 2 つの解の差 $w = u - v$ を代入して

$$\iint_D (w_x{}^2 + w_y{}^2)dxdy = \int_\Gamma w\frac{\partial w}{\partial n}ds$$

を得る．Γ 上においては

$$\frac{\partial w}{\partial n} = \frac{\partial u}{\partial n} - \frac{\partial v}{\partial n} = f - f = 0$$

であるから，D において $w_x = w_y = 0$ となる．よって $w =$ 定数 でなければならない．すなわちノイマン問題は付加定数を除いて一意に決まることがわかる．

解の存在についてはどうであろうか．いまノイマン問題 (2) の解があったとしてそれを u とする．この u と $v = 1$ に対して 4.1 節のグリーンの公式 (3) を適用して

$$0 = \int_\Gamma \frac{\partial u}{\partial n}ds = \int_\Gamma fds \tag{19}$$

を得る．こうして f に対する条件 (19) はノイマン問題 (2) がとけるための必要

条件であることがわかった．さらにこれが十分条件であることを証明することができる．いい換えれば f が (19) をみたせばノイマン問題 (2) が付加定数を除いて一意的に解くことができるのである．

4.5 素解とグリーン関数

すべての (x,y) で 2 回連続的微分可能で，十分遠方では零となっているような関数の全体を $C_0{}^2$ と書くことにする．$\varphi \in C_0{}^2$ とする．この φ に応じて，原点に中心をもつ円板 K の外では $\varphi = 0$ となるように，K を選ぶことができる．4.4 節の (11) を $u = \varphi$, $D = K$ として適用すれば，すべての $(\xi, \eta) \in K$ に対して

$$\varphi(\xi, \eta) = \frac{1}{2\pi} \iint \log r \cdot \Delta\varphi(x,y) dx dy \qquad (r = \sqrt{(x-\xi)^2 + (y-\eta)^2}) \quad (1)$$

を得る（K の境界上では $\varphi = \partial\varphi/\partial n = 0$ であることに注意せよ）．積分範囲を明記しない場合は以下においても全平面で積分することを約束する．他方 $(\xi, \eta) \notin K$ のときにはその点の近くで $\varphi = 0$ であるから，(1) の右辺を部分積分することができる（次の例題 4.8 を参照）．よってこの場合にも $0 = 0$ として (1) が成り立つ．こうしてすべての $\varphi \in C_0{}^2$ とすべての (ξ, η) に対して (1) の正しいことがわかった．

> **例題 4.8** ある領域 D で 2 回連続的微分可能な関数 u（すなわち $u \in C^2(D)$）がそこで調和であるための必要かつ十分な条件は，すべての $\varphi \in C_0{}^2(D)$（$\varphi \in C_0{}^2$ であって，D の境界の近くおよび D の外で $\varphi = 0$ となる φ の全体）に対して
>
> $$\iint u \Delta\varphi \, dx dy = 0 \qquad (2)$$
>
> の成り立つことである．

解 x について部分積分することによって

$$\iint u \varphi_{xx} dx dy = -\iint u_x \varphi_x dx dy = \iint u_{xx} \varphi \, dx dy$$

がすべての $\varphi \in C_0{}^2(D)$ に対して成り立つ．同様にして y についても部分積分

をすれば
$$\iint u\Delta\varphi dxdy = \iint \Delta u \cdot \varphi dxdy$$
を得る．よって $\Delta u = 0$ ならば (2) がでる．逆に (2) から
$$\iint \Delta u \cdot \varphi dxdy = 0 \qquad (3)$$
がすべての $\varphi \in C_0^2(D)$ に対して成り立つことがわかる．D のある点 P において $\Delta u(\mathrm{P}) > 0 (< 0)$ と仮定してみる．正数 ε を十分小さくとれば，P を中心とする半径 ε の円板 K_ε においても $\Delta u > 0 (< 0)$ としてよい．いま K_ε では $\varphi > 0$，その外では $\varphi = 0$ となるように $\varphi \in C_0^2(D)$ を選べば（$\zeta(t)$ を演習問題 9 で作った関数とするとき，$\varphi(x, y) = \zeta(\sqrt{x^2 + y^2}/\varepsilon)$ とすればよい），K_ε で $\Delta u \cdot \varphi > 0 (< 0)$ であり，K_ε の外では $\Delta u \cdot \varphi = 0$ となる．これは (3) に反する．よって D において $\Delta u = 0$ となる．　　　　　　　　（解終）

等式 (1) の右辺を形式的に部分積分すれば，
$$\varphi(\xi, \eta) = \frac{1}{2\pi} \iint \Delta_{(x,y)} (\log r) \cdot \varphi(x, y) dxdy \qquad (1')$$
を得る．すなわち $\log r$ は $(x, y) = (\xi, \eta)$ においては微分できないけれども，$(1')$ の右辺は (1) の右辺を意味するものと約束する（$\Delta_{(x,y)}$ の添字 (x, y) は x, y について微分せよということ）．ここでディラック（Dirac）の **δ-関数** $\delta(x, y)$ を導入しよう．これは原点以外では零であり，原点においては無限大であって，かつ
$$\iint \delta(x, y) dxdy = 1$$
となるような関数のことである．したがって，$\varphi \in C_0^2$ に対して
$$\iint \delta(x - \xi, y - \eta) \varphi(x, y) dxdy = \varphi(\xi, \eta) \iint \delta(x - \xi, y - \eta) dxdy = \varphi(\xi, \eta)$$
を得る．こうして $(1')$，したがって等式 (1) は
$$\Delta_{(x,y)} \left(\frac{1}{2\pi} \log r \right) = \delta(x - \xi, y - \eta) \qquad (1'')$$
と形式的に書き表すことができる．

●**注意 1**　δ-関数は点電荷に相当した概念であって，これは現実には存在しえないと同様に δ-関数も通常の意味での関数ではない．しかし関数の概念を拡張すれば（これ

4.5 素解とグリーン関数

を**超関数**という)，形式的な等式 (1′) も δ–関数も，したがってまた等式 (1″) も数学的に意味のあるものとなるのである．

一般に原点以外では調和であって，かつすべての $\varphi \in C_0{}^2$ に対して

$$\iint E\Delta\varphi dxdy = \varphi(0,0) \tag{4}$$

をみたす関数 $E(x,y)$ のことをポテンシャル方程式の**素解**という．(4) は上記 (1″) にならって $\Delta E(x,y) = \delta(x,y)$ と書くことができる．$E(x-\xi, y-\eta)$ のことを**基本解**ということもある．

■**問 1** u を全平面で調和な関数とするとき，

$$\frac{1}{2\pi}\log\sqrt{x^2+y^2} + u(x,y)$$

はポテンシャル方程式の素解となることを示せ．

以下では前節におけると同様に領域 D は有界で，その境界 $\varGamma$ は有限個の閉曲線から成っているものとする．このとき u は D で調和で，$D+\varGamma$ で連続的微分可能な関数とする．前節の公式 (11) をこの u に適用して

$$u(x,y) = \frac{1}{2\pi}\int_{\varGamma}\left(u\frac{\partial}{\partial n}\log r - \log r\cdot\frac{\partial u}{\partial n}\right)ds \tag{5}$$

を得る．次にこの u と，D で調和で $D+\varGamma$ で連続的微分可能な関数 w とに対して 4.1 節のグリーンの公式 (3) を適用して

$$0 = \int_{\varGamma}\left(u\frac{\partial w}{\partial n} - w\frac{\partial u}{\partial n}\right)ds \tag{6}$$

を得る．もしも $\varGamma$ 上の各点 (ξ,η) で (x と y は固定して)

$$w(\xi,\eta) = -\frac{1}{2\pi}\log r = -\frac{1}{2\pi}\log\sqrt{(x-\xi)^2+(y-\eta)^2} \tag{7}$$

をみたすならば，(5) と (6) とを加えて

$$u(x,y) = \int_{\varGamma} u\frac{\partial}{\partial n}\left(\frac{1}{2\pi}\log r + w\right)ds \tag{8}$$

なる公式を得る．(7) をみたし，かつ D で調和な関数 $w(\xi,\eta)$ は (x,y) にも関係しているはずであるから，これを $w(x,y;\xi,\eta)$ と書くことにする．このとき (x,y) と (ξ,η) の関数

$$G(x,y;\xi,\eta) = \frac{1}{2\pi}\log r + w(x,y;\xi,\eta)$$

のことをポテンシャル方程式と領域 D に関する**グリーン関数**という．P $=(x,y)\in D$ を固定したとき，グリーン関数 $G(\mathrm{P},\mathrm{Q})$ は Q $=(\xi,\eta)$ について $(\xi,\eta)=(x,y)$ 以外で調和で，$(\xi,\eta)\in \varGamma$ のときは零となっていることは明らかである．前節のディリクレ問題 (1) の解は，公式 (8) によって

$$u(x,y) = \int_\varGamma f(\xi,\eta)\frac{\partial G}{\partial n_\mathrm{Q}}(x,y;\xi,\eta)ds \tag{8'}$$

と書き表せる．逆になんらかの方法でグリーン関数が求まれば，ディリクレ問題 (1) の解は (8′) によって得られるのである．

例題 4.9 単位円板に関するグリーン関数は

$$G(x,y;\xi,\eta) = \frac{1}{2\pi}\log r$$
$$-\frac{1}{2\pi}\log\left(\sqrt{\left(\xi - \frac{x}{x^2+y^2}\right)^2 + \left(\eta - \frac{y}{x^2+y^2}\right)^2}\sqrt{x^2+y^2}\right) \tag{9}$$

で与えられることを示せ．

解 $z = x+iy$, $\zeta = \xi+i\eta$ とおく．$|z|<1$ なる z を固定して ζ の 1 次関数 $(\zeta-z)/(\bar{z}\zeta-1)$ $(\bar{z} = x-iy)$ を考える．$|\zeta| = \sqrt{\xi^2+\eta^2} = 1$ ならば，$\zeta\bar{\zeta} = 1$ であるから

$$\left|\frac{\zeta-z}{\bar{z}\zeta-1}\right| = \left|\frac{\zeta-z}{\zeta(\bar{z}-\bar{\zeta})}\right| = \frac{1}{|\zeta|} = 1$$

を得る．よって $|\zeta|=1$ ならば

$$\log\left|\frac{\zeta-z}{\bar{z}\zeta-1}\right| = 0$$

となる．こうして

$$\log\left|\frac{\zeta-z}{\bar{z}\zeta-1}\right| = \log|\zeta-z| - \log|\bar{z}\zeta-1| = \log r - \log(|\bar{\zeta}-z^{-1}||z|)$$

は，$\log(|\bar{\zeta}-z^{-1}||z|)$ が ξ,η について単位円板：$\xi^2+\eta^2<1$ の内で調和であることから（$|z^{-1}|>1$ に注意せよ），単位円板に関するグリーン関数となることがわかる．これを (x,y), (ξ,η) で書き直せばよい．　　　　　(解終)

4.6 ポアソンの方程式

非斉次方程式

$$\Delta u = f(x,y) \qquad (1)$$

をポアソンの方程式という．$f(x,y)$ をある領域 D で定義された関数とするとき，方程式 (1) の特殊解を求めよう．ポテンシャル方程式の素解 E を用いて

$$u(x,y) = \iint_D E(x-\xi, y-\eta) f(\xi,\eta) d\xi d\eta$$

とおけば，

$$\begin{aligned}
\Delta u(x,y) &= \iint_D \Delta E(x-\xi, y-\eta) \cdot f(\xi,\eta) d\xi d\eta \\
&= \iint_D \delta(x-\xi, y-\eta) f(\xi,\eta) d\xi d\eta \\
&= f(x,y)
\end{aligned}$$

となり，したがってこの u が方程式 (1) の解を与えることがいえるのである．この節ではこのことを厳密に証明しよう．

定理 4.7 もしも $f(x,y)$ が有界領域 D とその境界 Γ との合併集合 $D+\Gamma$ で連続であって，かつ D においては連続的微分可能ならば，すなわち $f \in C^0(D+\Gamma) \cap C^1(D)$ ならば，

$$u(x,y) = \frac{1}{2\pi} \iint_D f(\xi,\eta) \log r \, d\xi d\eta \quad (r = \sqrt{(x-\xi)^2 + (y-\eta)^2}) \qquad (2)$$

によって定まる関数 $u(x,y)$ は $C^1(D+\Gamma) \cap C^2(D)$ に属し，かつ D において方程式 (1) をみたしている．

証明 $|f(x,y)|$ の $D+\Gamma$ での最大値を M とする．$(x,y) \in D$ を中心とする半径 ε の円板を K_ε とする（$K_\varepsilon \subset D$）．このとき，

$$\left| \iint_{K_\varepsilon} f \log r \, d\xi d\eta \right| \leq M \int_0^{2\pi} \int_0^\varepsilon r \log r \, dr d\theta = 2\pi M \left(\frac{1}{2}\varepsilon^2 \log \varepsilon - \frac{1}{4}\varepsilon^2 \right),$$

$$\left| \iint_{K_\varepsilon} f \frac{x-\xi}{r^2} d\xi d\eta \right| \leq M \int_0^{2\pi} \int_0^\varepsilon \frac{1}{r} r \, dr d\theta = 2\pi M \varepsilon$$

に注意すれば（これらの右端の項は $\varepsilon \to 0$ のとき，ともに零に収束する），次の広義積分

$$\iint_D f \log r \, d\xi d\eta = \lim_{\varepsilon \to 0} \iint_{D-K_\varepsilon} f \log r \, d\xi d\eta,$$

$$\iint_D f \frac{x-\xi}{r^2} d\xi d\eta = \lim_{\varepsilon \to 0} \iint_{D-K_\varepsilon} f \frac{x-\xi}{r^2} d\xi d\eta$$

はともに収束することがわかる．以下2つの段階にわけて証明しよう．

第1段 u を (2) で定まる関数とするとき，$v = 2\pi u$ とおけば，これは $C^1(D+\varGamma)$ に属し，かつ

$$v_x = \iint_D f(\xi,\eta) \frac{x-\xi}{r^2} d\xi d\eta, \quad v_y = \iint_D f(\xi,\eta) \frac{y-\eta}{r^2} d\xi d\eta \tag{3}$$

の成り立つことを示そう．

任意の正数 $\varepsilon(0 < \varepsilon \leqq 1)$ に対して，

$$H_\varepsilon(r) = \begin{cases} \dfrac{1}{2}\left(\dfrac{r^2}{\varepsilon^2} - 1\right) + \log \varepsilon & (r \leqq \varepsilon) \\ \log r & (r > \varepsilon) \end{cases}$$

によって r の関数 $H_\varepsilon(r)$ を導入する．$r = \sqrt{(x-\xi)^2 + (y-\eta)^2}$ とおけば，これは (x,y) の関数として $C^1(D+\varGamma)$ に属することは明らかである．このとき

$$v_\varepsilon(x,y) = \iint_D f(\xi,\eta) H_\varepsilon(r) d\xi d\eta$$

は，$D+\varGamma$ において v に一様に収束する（$\varepsilon \to 0$ のとき）ことがわかる．なぜならば

$$|v(x,y) - v_\varepsilon(x,y)| \leqq \iint_D |\log r - H_\varepsilon(r)||f(\xi,\eta)| d\xi d\eta$$

$$\leqq M \int_0^{2\pi} \int_0^\varepsilon \left\{\frac{1}{2}\left(1 - \frac{r^2}{\varepsilon^2}\right) - \log \frac{r}{\varepsilon}\right\} r \, dr d\theta$$

$$= 2\pi M \left[\frac{r^2}{2} - \frac{r^4}{8\varepsilon^2} - \frac{r^2}{2}\log r\right]_0^\varepsilon = 2\pi M \cdot \frac{3\varepsilon^2}{8}$$

となり，したがって (x,y) に無関係に $\varepsilon \to 0$ のとき $v_\varepsilon(x,y) \to v(x,y)$ となるからである．次に

4.6 ポアソンの方程式

$$\frac{\partial v_\varepsilon}{\partial x}(x,y) = \iint_D f(\xi,\eta) \frac{\partial H_\varepsilon}{\partial x} d\xi d\eta$$

も，$D+\Gamma$ において (3) の第 1 番目の積分 v_1 に一様に収束していることがわかる．なぜならば

$$\left| v_1(x,y) - \frac{\partial v_\varepsilon}{\partial x}(x,y) \right| \leq \iint_D \left| \frac{x-\xi}{r^2} - \frac{\partial H_\varepsilon}{\partial x} \right| |f(\xi,\eta)| d\xi d\eta$$

$$\leq M \int_0^{2\pi} \int_0^\varepsilon \left| \frac{x-\xi}{r^2}\left(1 - \frac{r^2}{\varepsilon^2}\right) \right| r dr d\theta \leq 2\pi M \int_0^\varepsilon \left(1 - \frac{r^2}{\varepsilon^2}\right) dr$$

$$= 2\pi M \left[r - \frac{r^3}{3\varepsilon^2} \right]_0^\varepsilon = 2\pi M \cdot \frac{2\varepsilon}{3}$$

となり，したがって (x,y) に無関係に，$\varepsilon \to 0$ のとき $\partial v_\varepsilon/\partial x \to v_1$ となるからである．まったく同様に，$\varepsilon \to 0$ のとき，$\partial v_\varepsilon/\partial y$ は $D+\Gamma$ において一様に (3) の第 2 番目の積分 v_2 に収束することもわかる．以上より $v_x = v_1$, $v_y = v_2$ を結論することができる．こうして (3) が示されたことになる．

第 2 段 次に $v_x \in C^1(D)$, $v_y \in C^1(D)$ であって，さらに $\Delta v = 2\pi f$ となっていることを示そう．

K を D に含まれる任意の円板とする．(2) で定まる関数を u とするとき，$v = 2\pi u$ は

$$v(x,y) = \iint_{D-K} f(\xi,\eta) \log r d\xi d\eta + \iint_K f(\xi,\eta) \log r d\xi d\eta$$

と書くことができる．右辺の第 1 項は明らかに K の内部で調和である．したがって右辺の第 2 項 w が $C^2(K)$ に属して，かつそこで $\Delta w = 2\pi f$ となることを示せばよい．(x,y) を K の内部の点とする．第 1 段におけるとまったく同様に (D を K で置き換えて)

$$w_x(x,y) = \iint_K f(\xi,\eta) \frac{x-\xi}{r^2} d\xi d\eta, \quad w_y(x,y) = \iint_K f(\xi,\eta) \frac{y-\eta}{r^2} d\xi d\eta \tag{4}$$

を得る．さて

$$\frac{\partial}{\partial \xi}(f(\xi,\eta)\log r) = \frac{\partial f}{\partial \xi}\log r + f\frac{\partial}{\partial \xi}\log r = \frac{\partial f}{\partial \xi}\log r - f\frac{x-\xi}{r^2}$$

を K 上で積分するならば，(4) によって

$$w_x(x,y) = \iint_K \frac{\partial f}{\partial \xi} \log r \, d\xi d\eta - \iint_K \frac{\partial}{\partial \xi}(f \log r) d\xi d\eta \qquad (5)$$

を得る．この右辺の第2項をガウスの定理によって線積分に直すことを考える．(x,y) を中心とする半径 ε の円板 K_ε が K に含まれるように正数 ε を選ぶ．K の境界を C として，1.6節の平面におけるガウスの公式 $(2')$ を $B = K - K_\varepsilon$, $u_1 = f \log r$, $u_2 = 0$ として適用すれば

$$\iint_{K-K_\varepsilon} \frac{\partial}{\partial \xi}(f \log r) d\xi d\eta = \int_C f \log r \cdot \frac{\partial \xi}{\partial n} ds - \int_{r=\varepsilon} f \log r \cdot \frac{\partial \xi}{\partial r} ds \qquad (6)$$

となる．ところが

$$\left| \int_{r=\varepsilon} f \log r \cdot \frac{\partial \xi}{\partial r} ds \right| \leq \int_0^{2\pi} |f \log \varepsilon \cos \theta| \varepsilon d\theta \leq 2\pi M \varepsilon |\log \varepsilon|$$

であるから，(6) において $\varepsilon \to 0$ とすれば，(5) は

$$w_x(x,y) = \iint_K f_\xi \log r \, d\xi d\eta - \int_C f \log r \cdot \frac{\partial \xi}{\partial n} ds$$

と書き直すことができる．この右辺の第1項は，第1段の証明から（f のかわりに f_ξ をそして D のかわりに K を考えて），$C^1(K)$ に属していることがわかる．その第2項は明らかに $C^1(K)$ に属するから，$w_x \in C^1(K)$ を得る．そして

$$w_{xx}(x,y) = \iint_K f_\xi (\log r)_x d\xi d\eta - \int_C f(\log r)_x \frac{\partial \xi}{\partial n} ds$$
$$= -\iint_K f_\xi (\log r)_\xi d\xi d\eta + \int_C f(\log r)_\xi \frac{\partial \xi}{\partial n} ds$$

である．まったく同様に $w_y \in C^1(K)$ であって，かつ

$$w_{yy}(x,y) = -\iint_K f_\eta (\log r)_\eta d\xi d\eta + \int_C f(\log r)_\eta \frac{\partial \eta}{\partial n} ds$$

となることがわかるから

$$\Delta w(x,y) = -\iint_K \{f_\xi (\log r)_\xi + f_\eta (\log r)_\eta\} d\xi d\eta + \int_C f \frac{\partial}{\partial n}(\log r) ds$$
$$= -\lim_{\varepsilon \to 0} \iint_{K-K_\varepsilon} \{f_\xi (\log r)_\xi + f_\eta (\log r)_\eta\} d\xi d\eta + \int_C f \frac{\partial}{\partial n}(\log r) ds$$

を得る．4.1節のグリーンの公式 (2) を用いて

$$\Delta w(x,y)$$
$$= \lim_{\varepsilon \to 0} \left\{ \iint_{K-K_\varepsilon} f\Delta(\log r) d\xi d\eta - \int_C f\frac{\partial}{\partial n}(\log r)ds + \int_{r=\varepsilon} f\frac{\partial}{\partial r}(\log r)ds \right\}$$
$$+ \int_C f\frac{\partial}{\partial n}(\log r)ds$$
$$= \lim_{\varepsilon \to 0} \frac{1}{\varepsilon} \int_{r=\varepsilon} f ds = \lim_{\varepsilon \to 0} \int_0^{2\pi} f(x+\varepsilon\cos\theta, y+\varepsilon\sin\theta)d\theta = 2\pi f(x,y)$$

と計算することができる．こうして第2段が証明された．よって $\Delta u = f$ の証明が完成したことになる． (証明終)

> **例題 4.10** D を有界領域とし，その境界を Γ とする．さらに $f \in C^0(D+\Gamma) \cap C^1(D)$, $\varphi \in C^0(\Gamma)$ とする．このとき，ディリクレ問題
> $$\begin{cases} \Delta u = f & (D \text{ において}) \\ u = \varphi & (\Gamma \text{ 上で}) \end{cases} \quad (7)$$
> を解け（(7) をみたす u を求めよ）．

解 定理 4.7 において，
$$u_0(x,y) = \frac{1}{2\pi} \iint_D f(\xi,\eta) \log r d\xi d\eta$$
は $C^1(D+\Gamma) \cap C^2(D)$ に属し，かつ D で $\Delta u_0 = f$ をみたしていることをみた．したがって D で調和で，Γ 上では $\varphi - u_0$ なる値をとる関数を u_1 とすれば，$u_0 + u_1$ が求めるべき解である．何となれば，$\Delta(u_0+u_1) = \Delta u_0 = f$ であり，Γ 上では $u_0 + u_1 = u_0 + \varphi - u_0 = \varphi$ となるから． (解終)

■**問1** (2) によって定義される関数 $u(x,y)$ は D の外では調和であることを確かめよ．

4.7 一般の楕円型方程式

第1章の1.5節での方程式の分類において，楕円型方程式の標準形は
$$\Delta u + ku = u_{xx} + u_{yy} + ku = f \quad (k \text{ は定数})$$
であることをみた．ここでは方程式

$$\Delta u + ku = 0$$

のディリクレ問題を考えよう．まず次の定理から始める．

> **定理 4.8** D は有界領域で，その境界 Γ は有限個の閉曲線から成っているものとし，f は Γ 上の連続関数とする．もしも $k < 0$ ならば，$C^1(D+\Gamma)$ に属するディリクレ問題（またはノイマン問題）
>
> $$\begin{cases} \Delta u + ku = 0 & (D \text{ において}) \\ u = f \quad (\text{または } \partial u/\partial n = f) & (\Gamma \text{ 上で}) \end{cases} \quad (1)$$
>
> の解はあったとしても 1 つしかない．

証明 u と v は $C^1(D+\Gamma)$ に属するディリクレ問題（またはノイマン問題）(1) の解とする．$w = u - v$ は D において $\Delta w + kw = 0$ をみたし，Γ 上では $w = 0$（または $\partial w/\partial n = 0$）となっている．4.1 節のグリーンの公式 (2) を用いて

$$0 = \iint_D w(\Delta w + kw) dx dy = \int_\Gamma w \frac{\partial w}{\partial n} ds - \iint_D (w_x{}^2 + w_y{}^2 - kw^2) dx dy$$

を得る．よって

$$\iint_D (w_x{}^2 + w_y{}^2 - kw^2) dx dy = 0$$

であるから，D において $w = 0$ である．すなわち D において $u = v$ となる．

$w \equiv 0$ なる事実は，Γ 上で $w = 0$ のときは，次のようにも証明することができる．w が正の最大値を D の点 P でとったとすれば，その点で $w_{xx} \leqq 0$, $w_{yy} \leqq 0$ となっている．よって，$k < 0$ かつ $w(\mathrm{P}) > 0$ であるから，

$$\Delta w(\mathrm{P}) + kw(\mathrm{P}) < 0$$

を得る．これは D において $\Delta w + kw = 0$ ということに反する．したがって，Γ 上で $w = 0$ であるから，D において $w \leqq 0$ でなければならない．同様に $-w$ について，上で行った議論を展開すれば，D において $w \geqq 0$ になることがわかる．こうして $w \equiv 0$ を得るのである． （証明終）

$k > 0$ のときには一般に定理 4.8 は成り立たない．たとえば $u = \sin x \sin y$

4.7 一般の楕円型方程式

は方程式 $\Delta u + 2u = 0$ をみたし，正方形：$0 < x < \pi$, $0 < y < \pi$ の境界で $u = 0$ となっている．それにもかかわらず $u \not\equiv 0$ である．それでは $k > 0$ ならばいつも定理 4.8 が成り立たないかというとそうでもないのである．それを次の例題でみることができる．

例題 4.11 2つの自然数の自乗の和からなる集合を E とする．すなわち $E = \{n^2 + m^2\,;\, n, m = 1, 2 \cdots\}$ とする．ディリクレ問題

$$\begin{cases} \Delta u + ku = 0 & (0 < x < \pi,\quad 0 < y < \pi) \\ u(x, 0) = u(x, \pi) = 0 & (0 \leqq x \leqq \pi) \\ u(0, y) = u(\pi, y) = 0 & (0 \leqq y \leqq \pi) \end{cases} \quad (2)$$

は，$k \notin E$ のときには，$u \equiv 0$ 以外の解ももたない．他方 $k \in E$ のときには，その解は一般に

$$u(x, y) = \sum_{k = n^2 + m^2} A_{nm} \sin nx \sin my \quad (3)$$

と表される．ここで $\sum$ は $k = n^2 + m^2$ をみたすような自然数 n, m についての和を表し，A_{nm} は任意定数である（$k \in E$ のとき，k のことを**固有値**といい，そのとき (3) で表される u をそれに対応する**固有関数**という）．

解 $u(x, y)$ をディリクレ問題 (2) の解とする．$-\pi \leqq x < 0$ なる x に対して $u(x, y) = -u(-x, y)$ なるごとく u の値を決める．y を固定して，$u(x, y)$ を $-\pi \leqq x \leqq \pi$ における関数（奇関数となっている）とみて，フーリエ級数に展開して

$$u(x, y) = \sum_{n=1}^{\infty} b_n(y) \sin nx, \qquad b_n(y) = \frac{2}{\pi} \int_0^{\pi} u(x, y) \sin nx\, dx$$

を得る．これを (2) に代入すると，

$$\sum_{n=1}^{\infty} \{b_n'' + (k - n^2) b_n\} \sin nx = 0, \qquad \sum_{n=1}^{\infty} b_n(0) \sin nx = \sum_{n=1}^{\infty} b_n(\pi) \sin nx = 0$$

となる．よってすべての n について

をみたさねばならない．第3章3.2節のII(C)においてすでにみたように（そこにおける λ を $k-n^2$ と考え，L を π と考えて），k が

$$k - n^2 = m^2 \qquad (m = 1, 2, \cdots) \tag{5}$$

$$\begin{cases} b_n''(y) + (k-n^2)b_n(y) = 0 & (0 < y < \pi) \\ b_n(0) = b_n(\pi) = 0 \end{cases} \tag{4}$$

をみたすときに限って (4) は $b_n \equiv 0$ 以外の解

$$b_n(y) = A_{nm} \sin my \qquad (A_{nm} \text{ は任意定数})$$

をもつ．$k \notin E$ ならば，k はどんな m に対しても (5) をみたさない．よって $b_n \equiv 0$ となり，$u \equiv 0$ となってしまう．他方 $k \in E$ のときには，(5) をみたす n, m が存在する．よってこのときには $u(x,y)$ は (3) の形に書けるのである．

(解終)

上記の例題におけるように，固有値，固有関数を求めよという問題を **固有値問題** という．

■**問1** 2次元波動方程式 $u_{tt} - \Delta u = 0$ において，

$$u(x,y,t) = (a\cos\sqrt{k}t + b\sin\sqrt{k}t)v(x,y) \qquad (a, b \text{ は定数},\ k > 0)$$

とおけば，v は $\Delta v + kv = 0$ をみたしていることを示せ．

演習問題

1 x, y の2次関数

$$u(x,y) = ax^2 + 2bxy + cy^2$$

が調和であるためにはその係数 a, b, c はどんな条件をみたさねばならないか．その条件をみたすとき，上の関数 u の $x^2 + y^2 \leqq 1$ における最大値，最小値を求めよ．

2 単位円板 $x^2 + y^2 < 1$ で調和で，その境界点 $(x,y) = (\cos\theta, \sin\theta)$ でそれぞれ

 (i) $1 + \sin 3\theta$ (ii) $\cos 2\theta + \sin 4\theta$
 (iii) $\cos n\theta$ (iv) $\sin n\theta$

によって与えられる値をとる関数を求め，それらを x, y を用いて表せ．

3 $f(t)$ は $-\infty < t < \infty$ で連続で，かつ周期 2π の周期関数とする．$u(r, \theta)$ をこの f

演習問題

のポアソン積分（4.3 節の (13) 式）とするとき，次のことを証明せよ．
（ⅰ）$u(r,\theta)$ は $r<1$ で調和である．
（ⅱ）$r<1$ では $U(r,\theta)=u(r,\theta)$, $r=1$ では $U(1,\theta)=f(\theta)$ によって定まる関数 $U(r,\theta)$ は $r\leqq 1$ で連続である．

4 半径 R の円に対するディリクレ問題の解は
$$u(r,\theta)=\frac{1}{2\pi R}\int_0^{2\pi R} f(s)\frac{R^2-r^2}{R^2+r^2-2Rr\cos(\theta-t)}ds \quad (s=Rt)$$
で与えられることを示せ．

5 単位円板 $x^2+y^2<1$ で調和で，その境界点 $(x,y)=(\cos\theta,\sin\theta)$ において $\partial u/\partial r$ がそれぞれ問題 2 の (i)〜(iv) で与えられる値をとる関数は求まるか．求まる場合にはそれらを x,y を用いて表せ．

6 領域 D で連続な関数 v がそこで**劣調和**であるとは，4.4 節の不等式 (3) において不等号 $\geqq$ を逆にした不等式の成り立つことである．このとき次の各命題を証明せよ．
（ⅰ）調和関数は劣調和である．
（ⅱ）v が劣調和ならば $-v$ は優調和である．
（ⅲ）2 つの劣調和関数の和は劣調和である．
（ⅳ）v が D において劣調和であるための必要かつ十分な条件は，D に含まれるすべての円板 K に対して $v_K\geqq v$ が D で成り立つことである．

7 D を有界領域とし，Γ をその境界とする．f を Γ 上の連続関数とする．D で劣調和であって，Γ 上で f なる値をとる $D+\Gamma$ で連続な関数（**劣関数**）の全体を $s(f,D)$ とする．このとき次の各命題を証明せよ．
（ⅰ）$w\in s(f,D)$ はその最大値を Γ 上でとる．
（ⅱ）$v\in S(f,D)$, $w\in s(f,D)$ ならば $v\geqq w$ である．
（ⅲ）$w\in s(f,D)$ ならば，D に含まれるすべての円板 K に対して $w_K\in s(f,D)$ である．
（ⅳ）$u\in s(f,D)$ が D で調和であるための必要かつ十分な条件はすべての $v\in s(f,D)$ に対して $v\leqq u$ が D で成り立つことである．

8 D,Γ そして f は前問と同じとする．このとき，D において $\Delta u-ku=0$（k は正の定数）をみたし，かつ $u\in B(f,D)$ ならば，すべての $v\in B(f,D)$（4.4 節の (III) で導入したもの）に対して $E(u)\leqq E(v)$ となることを証明せよ．ただし
$$E(v)=\iint_D (v_x^2+v_y^2+kv^2)dxdy$$
である．

9 $f(x)$ は 5 次関数（5 次の多項式）であって，それ自身は $(x-1)^3$ なる因子をもち，$f(x)-1$ は $(x-1/2)^3$ なる因子をもつものとする．このとき

$$\zeta(t) = \begin{cases} 1 & (t \leqq 1/2) \\ f(t) & (1/2 < t < 1) \\ 0 & (1 \leqq t) \end{cases}$$

によって定義される t の関数 ζ は 2 回連続的微分可能であることを示せ．また $f(x)$ を具体的に求め，かつ $1/2 < t < 1$ においては $0 < f(t) < 1$ となることを確かめよ．

10 任意の正数 ε に対して

$$\rho_\varepsilon(x,y) = \zeta(r/\varepsilon)/2\pi\alpha\varepsilon^2 \quad (r = \sqrt{x^2+y^2}, \quad \alpha = \int_0^1 t\zeta(t)dt\,)$$

とおけば（$\zeta(t)$ は前問で求めた関数）

$$\iint \rho_\varepsilon(x,y)dxdy = 1$$

であること，さらに一般にすべての連続関数 φ に対して

$$\lim_{\varepsilon \to 0} \iint \rho_\varepsilon(x,y)\varphi(x,y)dxdy = \varphi(0,0)$$

の成り立つことを示せ．

11 $u(x,y)$ は全平面で連続であって，かつすべての $\varphi \in C_0^2$ に対して

$$\iint u\Delta\varphi dxdy = 0$$

をみたしているとする（このとき u のことを方程式 $\Delta u = 0$ の**弱い解**であるという）．このとき次のことがらを証明せよ．

(ⅰ) 前問で作った ρ_ε と u とのたたみ込み

$$(u * \rho_\varepsilon)(x,y) = \iint u(x-\xi, y-\eta)\rho_\varepsilon(\xi,\eta)d\xi d\eta \quad (\varepsilon > 0)$$

は調和関数である．

(ⅱ) $u * \rho_\varepsilon$ は，任意の半径 R をもつ円板 $K: x^2 + y^2 \leqq R^2$ の上で一様に u に収束する．

(ⅲ) u は調和である．

12 ポテンシャル方程式と有界領域 D に関するグリーン関数を $G(x,y;\xi,\eta)$ とする．D に属する相異なる 2 点 P, P' を中心とする半径 ε の円板をそれぞれ

$K_\varepsilon, K_\varepsilon' (K_\varepsilon \cap K_\varepsilon' = \phi)$ とする．このとき，$u(\xi,\eta) = G(\mathrm{P},\mathrm{Q}), v(\xi,\eta) = G(\mathrm{P}',\mathrm{Q}) (\mathrm{Q} = (\xi,\eta))$，そして $D' = D - K_\varepsilon - K_\varepsilon'$ に対して 4.1 節のグリーンの公式 (3) を適用して，$\varepsilon \to 0$ とすれば $G(\mathrm{P},\mathrm{P}') = G(\mathrm{P}',\mathrm{P})$ を得ることを証明せよ．

13 $G(x,y;\xi,\eta)$ を 4.5 節の例題 4.9 で求めた単位円板に関するグリーン関数とするならば，$\partial G(x,y;\xi,\eta)/\partial \rho\, (\rho = \sqrt{\xi^2 + \eta^2})$ において $\rho = 1$ とおいたものはポアソン核に等しいことを示せ．

14 関数 u は上半円板 $r^2 = x^2 + y^2 < R^2$，$y > 0$ で調和で，かつ x 軸もこめた上半円板：$r < R$，$y \geqq 0$ で連続であって $y = 0$ の上では $u = 0$ とする．このとき
$$U(x,y) = \begin{cases} u(x,y) & (r < R, y \geqq 0) \\ -u(x,-y) & (r < R, y < 0) \end{cases}$$
によって決まる関数 U は半径 R の円板で調和となることを証明せよ（この事実を**鏡像の原理**という）．[ヒント：$r = R$ 上で U なる値をとる $r < R$ での調和関数を v とすれば，$w(x,y) = v(x,y) + v(x,-y) \equiv 0$ なることを導け．]

15 コーシー問題
$$\begin{cases} \Delta u = 0 & (y > 0) \\ u(x,0) = 0, \quad u_y(x,0) = \psi(x) \end{cases}$$
が $y \geqq 0$ で連続な解をもつためには $\psi(x)$ が x について解析的でなければならないことを証明せよ．

16 k_1, k_2 を固有値問題
$$\begin{cases} \Delta u + ku = 0 & (r^2 = x^2 + y^2 < 1) \\ u = 0 & (r = 1) \end{cases}$$
の相異なる固有値とし，u_1, u_2 をそれぞれ k_1, k_2 に対応する固有関数とするとき，
$$\iint_{r<1} u_1(x,y) u_2(x,y) dx dy = 0$$
の成り立つことを証明せよ．

17 円環領域 $D: 1 \leqq x^2 + y^2 \leqq e^2$（$e$ は自然対数の底）において調和で，その境界
$$\Gamma_1: x^2 + y^2 = 1, \quad \Gamma_2: x^2 + y^2 = e^2$$
上で次の条件（ⅰ）および（ⅱ）をみたす解 u および v を求め，D 上で $u \geqq v$ をみたしていることを示せ．

（ⅰ）$u = \begin{cases} 1 & (\Gamma_1 \text{上}) \\ 0 & (\Gamma_2 \text{上}) \end{cases}$ （ⅱ）$v = \begin{cases} \cos\theta & (\Gamma_1 \text{上}) \\ 0 & (\Gamma_2 \text{上}) \end{cases}$ （東大工）

18 2つの偏微分方程式
 （ⅰ） $-yu_x + xu_y = 0$　　（ⅱ）$u_{xx} + u_{yy} = 0$
を同時にみたす u の一般形を求めよ． （東大理，早大）

19 線密度 $\omega = 1$ の分布をもつ 2 重層ポテンシャル $W_1(\mathrm{P})$ は

$$W_1(\mathrm{P}) = \frac{1}{2\pi}\int_\Gamma \frac{\overrightarrow{\mathrm{AP}}\cdot \boldsymbol{n}_\mathrm{A}}{r^2}ds_\mathrm{A} = \begin{cases} -1 & (\mathrm{P}\in D) \\ -1/2 & (\mathrm{P}\in \Gamma) \\ 0 & (\mathrm{P}\notin D\cup \Gamma) \end{cases} \quad (r = \overline{\mathrm{AP}})$$

となることを示せ．

20 積分方程式

$$\omega(x,y) = \frac{1}{\pi}\int_\Gamma \omega(\xi,\eta)\frac{\overrightarrow{\mathrm{AP}}\cdot \boldsymbol{n}_\mathrm{P}}{r^2}ds_\mathrm{A} + 2f(x,y)$$

の解を $\omega(x,y)$ とする．ただし $\mathrm{P}=(x,y)$, $\mathrm{A}=(\xi,\eta)$ そして $r = \overline{\mathrm{AP}}$ である．この ω を線密度とする 1 重層ポテンシャル $u(x,y) = V_\omega(x,y)$ はノイマン問題 (2) の解であることを証明せよ．

21 領域 $0 < x < \pi$, $y > 0$ で $\Delta u = 0$ をみたし，境界条件

$$\begin{aligned}&u(0,y) = u(\pi,y) = 0 &&(y>0) \\ &u(x,0) = \varphi(x) &&(0<x<\pi) \\ &\lim_{y\to\infty}u(x,y) = 0 &&(0<x<\pi)\end{aligned}$$

をみたす関数 $u(x,y)$ をフーリエ級数を用いて解け．ただし $\varphi(x)$ は $\varphi(x) = x$ $(0\leqq x \leqq \pi/2)$, $= -x + \pi$ $(\pi/2 \leqq x \leqq \pi)$ で定義される関数とする． （名大工）

22 関数 $f(x,y) = \{\tan^{-1}(y/x)\}^a$ が $\Delta f = 0$ をみたすような定数 a を求めよ．
 （名大多元数理）

5 放物型偏微分方程式

5.1 初期値境界値問題

双曲型方程式でも楕円型方程式でもない第 3 の方程式としての放物型方程式

$$u_t = u_{xx} \tag{1}$$

を考える．この方程式の解 $u(x,t)$ は断熱壁でおおわれた針金の x なる位置における，時刻 t での温度分布を与えるので，方程式 (1) を**熱方程式**という（演習問題 10 参照）．

棒の長さが L ($0 < x < L$) で，その両端での温度が常に零度 ($u(0,t) = u(L,t) = 0$) に保たれていて，時刻 $t = 0$ においてはその棒の温度分布は $\varphi(x)$ で与えられている場合 ($u(x,0) = \varphi(x)$) に，時刻 $t > 0$ における棒の温度分布を求めよという問題をまず考える．すなわち**初期条件**

$$u(x,0) = \varphi(x) \qquad (0 < x < L) \tag{2}$$

と**境界条件**

$$u(0,t) = u(L,t) = 0 \qquad (t > 0) \tag{3}$$

とを同時にみたす方程式 (1) の解を求めることである．この問題を**第 1 種初期値境界値問題**という．棒の両端での温度が常に零度であるというかわりに，その両端では熱の出入がない ($u_x(0,t) = u_x(L,t) = 0$) という条件に置き換えた問題，すなわち境界条件 (3) を

$$u_x(0,t) = u_x(L,t) = 0 \qquad (t > 0) \tag{3'}$$

に置き換えたものを**第 2 種初期値境界値問題**という．付帯条件 (2), (3) または (2), (3′) が第 4 章 4.3 節の初めにのべた意味で，熱方程式に適合しているということは物理的には自明であろう．以下においては，第 1 種の問題についてこのことを数学的に示してみようと思う．そのためには解の一意性 (I) とその存在 (II) とを確認すればよい．それをする前に，調和関数に対する最大値の原理

(第4章の定理 4.2) に類似した次の定理を証明しよう.

> **定理 5.1**（最大値の原理）　T は任意に与えられた正数とする. $0 < x < L$, $0 < t \leqq T$ なる (x,t) からなる長方形領域 D_T において方程式 (1) をみたし, D_T の境界 B も含めた領域 $D_T + B (= D_T \cup B)$ で連続な関数 $u(x,t)$ はその最大値および最小値を B から線分 $\{(x,T); 0 < x < L\}$ を除いた集合 Γ の上でとる.

証明　最大値の場合だけを証明すればよい. というのは u の最小値は $-u$ の最大値であり, $-u$ はまた方程式 (1) をみたすからである.

さて $D_T + B$ 上での u の最大値を M とし, Γ 上での最大値を m とする. 証明すべきことは $m = M$ なることである. いまかりに $M > m$ としてみよう. この仮定から

$$u(x_0, t_0) = M, \qquad (x_0, t_0) \notin \Gamma$$

なる点 $(x_0, t_0) \in D_T + B$ が存在することになる.

$$v(x,t) = u(x,t) + \frac{M-m}{2L^2}(x - x_0)^2 \tag{4}$$

とおけば, $v(x_0, t_0) = u(x_0, t_0) = M$ であり, かつ Γ 上では

$$v(x,t) \leqq m + \frac{M-m}{2} = \frac{M+m}{2} < M$$

となる. よって v も $D_T + B$ から集合 Γ を除いたところで最大値 (これが M になるかどうかはわからない) をとることになる. その最大値をとる点を (x_1, t_1) とすれば, 明らかに, $v_t(x_1, t_1) \geqq 0$, $v_{xx}(x_1, t_1) \leqq 0$ であるから, (x_1, t_1) においては

$$v_t - v_{xx} \geqq 0 \tag{5}$$

を得る. 他方, (4) から, D_T の各点で

$$v_t - v_{xx} = u_t - u_{xx} - \frac{M-m}{L^2} = -\frac{M-m}{L^2} < 0$$

を得る. これは (5) に矛盾する （$(x_1, t_1) \in D_T$ に注意せよ). したがって, $M > m$ なる仮定は誤りであって, 本当は $M = m$ であったのである.

(証明終)

5.1 初期値境界値問題

(I) **解の一意性** 最大値の原理（定理 5.1）を用いて次のように簡単に示すことができる．いま (1), (2) ($\varphi(x)$ は $0 \leqq x \leqq L$ で連続で，$\varphi(0) = \varphi(L) = 0$ とする) そして (3) をみたす関数が 2 つあったとし，それらの差を w とすれば，w は $D_T + B$ で連続で，かつ D_T において (1) をみたす．さらに Γ 上では $w = 0$ である．よって定理 5.1 により D_T において $w \equiv 0$ となる．したがって，T は任意の正数であるから，$u = v$ を得る．

次に 1.6 節の平面におけるガウスの公式 $(2'')$ を用いて直接 $w \equiv 0$ を示してみよう．すべての $u, v \in C^2(D_T + B)$ に対して

$$v(u_{xx} - u_t) - u(v_{xx} + v_t) = (vu_x - uv_x)_x - (vu)_t$$

であるから，

$$\iint_{D_T} \{v(u_{xx} - u_t) - u(v_{xx} + v_t)\}dxdt = \int_B (vu_x - uv_x)dt + uvdx \quad (6)$$

を得る（3.5 節の (4) および 4.1 節の (3) と比較せよ）．(6) において $u = w^2, v = 1$ を代入すれば，

$$2\iint_{D_T} w_x^2 dxdt = \int_B w^2 dx + 2ww_x dt \quad (7)$$

となる（図 5.1）．ところが Γ 上で $w = 0$ であるから

$$2\iint_{D_T} w_x^2 dxdt + \int_0^L w(x,T)^2 dx = 0$$

となり，よって $0 < x < L$ なるすべての x に対して $w(x, T) = 0$ を得る．T は任意の正数であったから $0 < x < L, t > 0$ において $w = 0$ となる．

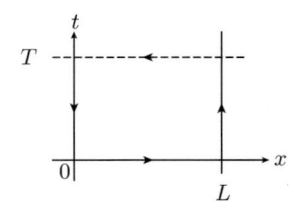

図 5.1

■**問 1** 公式 (7)（方程式 (1) をみたすすべての w に対して成り立っている）を用いることによって第 2 種の問題 (1)-(2)-$(3')$ の解の一意性を証明せよ．

(II) **解の存在**（フーリエ級数による解法）　波動方程式に対する混合問題の解法（第3章3.2節のII(C)）と同じように，まず

$$u(x,t) = X(x)T(t)$$

なる形の解を求める．これを(1)に代入して

$$XT' = X''T \quad \text{または} \quad \frac{T'}{T} = \frac{X''}{X}$$

となる．T'/T は t だけの，X''/X は x だけの関数であって，かつそれらは等しいというのであるから，それらは定数 $(=-\lambda)$ でなければならない．すなわち

$$T' + \lambda T = 0 \tag{8}$$
$$X'' + \lambda X = 0 \tag{9}$$

となる．境界条件(3)は

$$X(0) = 0, \qquad X(L) = 0 \tag{10}$$

となる．**固有値問題**(9)-(10)の**固有値**は

$$\lambda = \lambda_n = \left(\frac{n\pi}{L}\right)^2, \qquad n = 1, 2, \cdots$$

であり，それに対応する**固有関数**は

$$X(x) = X_n(x) = C_n \sin\sqrt{\lambda_n}\, x = C_n \sin\frac{n\pi x}{L}$$

で与えられる（C_n は任意定数）ことはすでに第3章3.2節のII(C)でみた．$\lambda = \lambda_n$ のときには方程式(8)の解は

$$T_n(t) = B_n e^{-\lambda_n t}$$

によって与えられる（B_n は任意定数）．したがって

$$u_n(x,t) = B_n e^{-(n\pi/L)^2 t} \sin\frac{n\pi x}{L}, \qquad n = 1, 2, \cdots$$

は(3)をみたす方程式(1)の解となる．よって

$$u(x,t) = \sum_{n=1}^{\infty} u_n(x,t) = \sum_{n=1}^{\infty} B_n e^{-(n\pi/L)^2 t} \sin\frac{n\pi x}{L} \tag{11}$$

5.1 初期値境界値問題

もまた (1), (3) をみたしているであろう. ここで任意定数 B_n は, (11) で与えられる $u(x,t)$ が初期条件 (2) をみたすように決めればよい. すなわち

$$u(x,0) = \sum_{n=1}^{\infty} B_n \sin \frac{n\pi x}{L} = \varphi(x) \tag{12}$$

をみたすように B_n を決めればよい. しかしながら, これは $\varphi(x)$ のフーリエ正弦級数展開 (第 2 章演習問題 4 参照) に外ならない. よって

$$B_n = \frac{2}{L} \int_0^L \varphi(x) \sin \frac{n\pi x}{L} dx$$

となる. したがって求めるべき解は

$$u(x,t) = \sum_{n=1}^{\infty} \frac{2}{L} \int_0^L \varphi(\xi) \sin \frac{n\pi \xi}{L} d\xi \cdot e^{-(n\pi/L)^2 t} \sin \frac{n\pi x}{L} \tag{13}$$

で与えられる. 以下においてこの級数が収束して, (1), (2) および (3) をみたしていることを確かめよう.

そのために, $\varphi(x)$ は $0 \leqq x \leqq L$ で連続的微分可能で, $\varphi(0) = \varphi(L) = 0$ をみたしているとする. 定理 2.3 により (12) の級数は $0 \leqq x \leqq L$ において絶対かつ一様に収束しているので, (13) の級数も領域 $D : 0 \leqq x \leqq L,\ t \geqq 0$ において一様に収束する. 何となればすべての $t \geqq 0$ に対して

$$0 < e^{-(n\pi/L)^2 t} \leqq 1$$

だからである. よって (13) で決まる $u(x,t)$ は D で連続となる. この u が (2) および (3) をみたしていることは明らかである. 次にこの u が (1) をみたすことを示そう. どんな $t > 0$ に対しても

$$\sum_{n=1}^{\infty} \left(\frac{n\pi}{L}\right)^2 e^{-(n\pi/L)^2 t} < \infty, \qquad |B_n| \leqq \frac{2}{L} \int_0^L |\varphi(x)| dx$$

が成り立つことから, (13) を項別に x について 2 回, t について 1 回微分して得られる 2 つの級数は $t > 0$ で収束し, かつ連続であって, 相等しく, それぞれ u_{xx}, u_t に等しい. よって u は (1) をみたすことがわかった.

■**問 2** (13) によって与えられる級数は $t > 0$ においては x, t について何回でも微分できることを証明せよ.

例題 5.1 第 1 種初期値境界値問題

$$\begin{cases} u_t = u_{xx} & (0 < x < \pi,\ t > 0) \\ u(x,0) = 2\sin x + \sin 2x & (0 < x < \pi) \\ u(0,t) = u(\pi,t) = 0 & (t > 0) \end{cases}$$

を解け.

解 $\varphi(x) = 2\sin x + \sin 2x$ であるから (12) において $L = \pi$, $B_1 = 2$, $B_2 = 1$, $B_n = 0 (n = 3, 4, \cdots)$ となっている.よって求めるべき解は

$$u(x,t) = 2e^{-t}\sin x + e^{-4t}\sin 2x$$

である.　　　　　　　　　　　　　　　　　　　　　　　　　　　(解終)

以上 (I) と (II) とをあわせて次の定理にまとめることができる.

定理 5.2 第 1 種初期値境界値問題 (1)-(2)-(3) は,$\varphi(x)$ が $0 \leqq x \leqq L$ で連続的微分可能であって,かつ $\varphi(0) = \varphi(L) = 0$ ならば,ただ 1 つの解をもち,それは (13) で与えられる.

5.2 初期値問題と基本解

まわりから熱の出入りのない無限に長い棒に対する熱の伝わり方を考えよう.これを式で書けば**初期値問題**

$$\begin{cases} u_t = u_{xx} & (-\infty < x < \infty,\ t > 0) \quad (1) \\ u(x,0) = \varphi(x) & (-\infty < x < \infty) \quad\quad\quad\ \ (2) \end{cases}$$

の解 $u(x,t)$ を求めることである(第 1 章 1.4 節例題 1.9 を参照).

変数 x を固定して,t の関数としての解 $u(x,t)$ のラプラス変換を

$$y(x) = \int_0^\infty e^{-st} u(x,t) dt \quad (s > 0)$$

とおく.初期値問題 (1)-(2) をラプラス変換して,非斉次 2 階線形常微分方程式

5.2 初期値問題と基本解

$$y'' - sy = -\varphi(x) \quad (-\infty < x < \infty) \tag{3}$$

を得る．以下においては，$\varphi(x)$ は有界かつ連続な関数とする．この方程式の一般解は，C_1, C_2 を積分定数として，

$$\begin{aligned}
y &= C_1 e^{\sqrt{s}\,x} + C_2 e^{-\sqrt{s}\,x} + \frac{1}{2\sqrt{s}} \int_0^x \left(e^{\sqrt{s}(\xi - x)} - e^{-\sqrt{s}(\xi - x)} \right) \varphi(\xi) d\xi \\
&= e^{\sqrt{s}\,x} \left(C_1 - \frac{1}{2\sqrt{s}} \int_0^x e^{-\sqrt{s}\,\xi} \varphi(\xi) d\xi \right) \\
&\quad + e^{-\sqrt{s}\,x} \left(C_2 + \frac{1}{2\sqrt{s}} \int_0^x e^{\sqrt{s}\,\xi} \varphi(\xi) d\xi \right)
\end{aligned} \tag{4}$$

と書き表すことができる．この y が区間 $(-\infty, \infty)$ で有界となるように，C_1 と C_2 を

$$C_1 = \frac{1}{2\sqrt{s}} \int_0^\infty e^{-\sqrt{s}\,\xi} \varphi(\xi) d\xi, \quad C_2 = \frac{1}{2\sqrt{s}} \int_{-\infty}^0 e^{\sqrt{s}\,\xi} \varphi(\xi) d\xi$$

と決める．これを (4) に代入して，

$$y = \frac{1}{2\sqrt{s}} \int_{-\infty}^x e^{-\sqrt{s}(x-\xi)} \varphi(\xi) d\xi + \frac{1}{2\sqrt{s}} \int_x^\infty e^{-\sqrt{s}(\xi-x)} \varphi(\xi) d\xi \tag{5}$$

となる．ここで第 2 章演習問題 18 を適用して

$$\frac{1}{2\sqrt{s}} e^{-as} = \mathcal{L}\{K(a,t)\} \quad \left(K(a,t) = \frac{1}{\sqrt{4\pi t}} e^{-a^2/4t}, \quad a > 0 \right)$$

を得る．よって，

$$\begin{aligned}
y &= \int_{-\infty}^x \mathcal{L}\{K(x-\xi, t)\} \varphi(\xi) d\xi + \int_x^\infty \mathcal{L}\{K(\xi - x, t)\} \varphi(\xi) d\xi \\
&= \int_{-\infty}^\infty \mathcal{L}\{K(x - \xi, t)\} \varphi(\xi) d\xi
\end{aligned}$$

となる．積分順序の交換を行って

$$y = \mathcal{L}\left(\int_{-\infty}^\infty K(x - \xi, t) \varphi(\xi) d\xi \right)$$

を得る．$y = \mathcal{L}(u)$ であるから

$$u(x,t) = \int_{-\infty}^\infty K(x - \xi, t) \varphi(\xi) d\xi \tag{6}$$

が求めるべき u の積分表示である．

■**問 1** 方程式 (3) の一般解が (4) であることを示せ．

■**問 2** $\displaystyle\int_{-\infty-iy}^{\infty-iy} e^{-\zeta^2}d\zeta = \int_{-\infty}^{\infty} e^{-x^2}dx = \sqrt{\pi}$ となることを計算せよ．

次に

$$K(x,t) = \begin{cases} \dfrac{1}{\sqrt{4\pi t}} e^{-x^2/4t} & (t > 0) \\ 0 & (t < 0) \end{cases} \tag{7}$$

によって与えられる関数 $K(x,t)$ の性質を調べよう．

(K.1)　$K(x,t)$ は $-\infty < x < \infty, t > 0$ において方程式 (1) をみたす．

(K.2)　$x \neq 0$ ならば
$$\lim_{t\downarrow 0} K(x,t) = 0.$$

(K.3)　$\varphi(x)$ を $-\infty < x < \infty$ で有界で，かつ連続な関数とすれば次が成り立つ．
$$\lim_{t\downarrow 0}\int_{-\infty}^{\infty} K(x,t)\varphi(x)dx = \varphi(0).$$

(K.1) と (K.2) は簡単に示すことができる．(K.3) は次節で証明されるであろう（定理 5.3 の (ii) をみよ）．

■**問 3** 上の (K.1) と (K.2) を示せ．

上の性質 (K.2) と (K.3) とから，

$$K(x,0) = \lim_{t\downarrow 0} K(x,t)$$

と書くことにすれば $x \neq 0$ ならば $K(x,0) = 0$ となり，また (K.3) において $\varphi(x) \equiv 1$ ととるとき

$$\int_{-\infty}^{\infty} K(x,0)dx = 1$$

となることがわかる．こうして第 4 章 4.5 節でのべた δ-関数 $\delta(x)$ を用いれば $K(x,0) = \delta(x)$ ということになる．性質 (K.1) からわかることは，$K(x,t)$ は初期条件 $u(x,0) = \delta(x)$ をみたす方程式 (1) の解であるということである．$t > 0$ ならば $K(x,t)$ はどんな x に対しても零とはならない．さらに，すべての $t > 0$ に対して

5.2 初期値問題と基本解

$$\int_{-\infty}^{\infty} K(x,t)dx = 1 \tag{8}$$

であるから（問 2 を用いて確かめることができる），(6) の両辺を x について $-\infty$ から ∞ まで積分すれば

$$\int_{-\infty}^{\infty} u(x,t)dx = \int_{-\infty}^{\infty} \varphi(x)dx$$

となる．これは全熱量が保存されることを示す式である．

次の例題は $K(x,t)$ が熱方程式 $u_t - u_{xx} = 0$ の**素解**であることを示すものである（4.5 節を見よ）．

例題 5.2 すべての $\varphi \in C_0^2$ に対して

$$\iint K(x,t)(-\varphi_t - \varphi_{xx})dxdt = \varphi(0,0) \tag{9}$$

の成り立つことを証明せよ．ここで 2 重積分は全 (x,t) 平面で行うものとする．

解 (9) の左辺の積分は実際には $t > 0$ で行えばよい．$t > 0$ を固定すれば，x について部分積分を行って

$$\int K(x,t)\varphi_{xx}dx = \int K_{xx}(x,t)\varphi dx$$

となる．他方，ε を任意の正数とするとき，t について部分積分を行って

$$-\int_{\varepsilon}^{\infty} K(x,t)\varphi_t dt = \int_{\varepsilon}^{\infty} K_t(x,t)\varphi dt + K(x,\varepsilon)\varphi(x,\varepsilon)$$

を得る．よって性質 (K.1) と (K.3) を用いれば，

$$(9) \text{ の左辺} = \lim_{\varepsilon \downarrow 0} \iint_{t > \varepsilon} K(x,t)(-\varphi_t - \varphi_{xx})dxdt$$
$$= \lim_{\varepsilon \downarrow 0} \int K(x,\varepsilon)\varphi(x,\varepsilon)dx = \varphi(0,0)$$

となることがわかる． (解終)

第 4 章 4.5 節におけると同じ考え方から (9) を

$$\left(\frac{\partial}{\partial t} - \frac{\partial^2}{\partial x^2}\right)K(x,t) = \delta(x,t)$$

と書くことができる．$K(x-\xi, t-\tau)$ のことを普通は熱方程式の**基本解**と呼んでいる．

5.3 初期値問題（解の存在と一意性）

この節では前節の (6) で与えられる関数

$$u(x,t) = \int_{-\infty}^{\infty} K(x-\xi,t)\varphi(\xi)d\xi \tag{1}$$

が初期値問題

$$\begin{cases} u_t = u_{xx} & (-\infty < x < \infty,\ t > 0) \tag{2} \\ u(x,0) = \varphi(x) & (-\infty < x < \infty) \tag{3} \end{cases}$$

の解であり，またそれ以外には解はないことを証明しよう．ここで $K(x,\xi)$ は前節の (7) で与えられる熱方程式の素解である．

定理 5.3（解の存在）　$\varphi(x)$ は $-\infty < x < \infty$ で有界かつ連続な関数とする．このとき (1) で与えられる関数 $u(x,t)$ は次の性質をもっている．

（ⅰ）u は (2) をみたしている．

（ⅱ）u は (3) をみたしている．いい換えれば，任意の x_0 に対して

$$\lim_{(x,t)\to(x_0,0)} u(x,t) = \varphi(x_0)$$

が成り立つ．すなわち $u(x,t)$ は (x,t) が $(x_0,0)$ にどんな近づき方をしても $\varphi(x_0)$ に収束する．

（ⅲ）$u(x,t)$ および $\sqrt{t}\,u_x(x,t)$ は有界である．すなわち $-\infty < x < \infty,\ t > 0$ なるすべての (x,t) において，

$$|u(x,t)| \leqq M_1, \qquad \sqrt{t}\,|u_x(x,t)| \leqq M_2$$

が成り立つような正数 M_1, M_2 が存在する．

証明　（ⅰ）$t > 0$ ならば積分 (1) は明らかに収束する．さらに積分記号の

5.3 初期値問題（解の存在と一意性）

中で x, t について微分して得られる積分（$K(x-\xi, t)$ を x, t について微分したもので置き換えたもの）も収束しているので，

$$u_t(x,t) - u_{xx}(x,t) = \int_{-\infty}^{\infty} \{K_t(x-\xi,t) - K_{xx}(x-\xi,t)\}\varphi(\xi)d\xi$$

となる．ところが前節の (K.1) によれば $K_t - K_{xx} = 0$ であるから（ⅰ）が証明されたことになる．

（ⅱ） 積分 (1) において変数 ξ を

$$\xi - x = \sqrt{4t}\,\eta \tag{4}$$

よって η に変換し，さらに

$$\varphi(x_0) = \frac{1}{\sqrt{\pi}} \int_{-\infty}^{\infty} e^{-\eta^2} \varphi(x_0) d\eta$$

となることに注意すれば，

$$\begin{aligned}
u(x,t) - \varphi(x_0) &= \frac{1}{\sqrt{4\pi t}} \int_{-\infty}^{\infty} e^{-(x-\xi)^2/4t} \varphi(\xi) d\xi - \varphi(x_0) \\
&= \frac{1}{\sqrt{\pi}} \int_{-\infty}^{\infty} e^{-\eta^2} \{\varphi(x+\sqrt{4t}\,\eta) - \varphi(x_0)\} d\eta
\end{aligned}$$

を得る．N を正数とし，上の積分を $-\infty$ から $-N$ まで，$-N$ から N まで，そして N から ∞ まで分割して考えれば

$$\begin{aligned}
|u(x,t) - \varphi(x_0)| &\leqq \frac{1}{\sqrt{\pi}} \int_{-N}^{N} e^{-\eta^2} |\varphi(x+\sqrt{4t}\,\eta) - \varphi(x_0)| d\eta \\
&\quad + \frac{1}{\sqrt{\pi}} \int_{-\infty}^{-N} e^{-\eta^2} \{|\varphi(x+\sqrt{4t}\,\eta)| + |\varphi(x_0)|\} d\eta \\
&\quad + \frac{1}{\sqrt{\pi}} \int_{N}^{\infty} e^{-\eta^2} \{|\varphi(x+\sqrt{4t}\,\eta)| + |\varphi(x_0)|\} d\eta \\
&\leqq \frac{1}{\sqrt{\pi}} \int_{-N}^{N} e^{-\eta^2} |\varphi(x+\sqrt{4t}\,\eta) - \varphi(x_0)| d\eta + \frac{4M}{\sqrt{\pi}} \int_{N}^{\infty} e^{-\eta^2} d\eta
\end{aligned}$$

となる．ここで M は $\varphi(x)$ の上限である．よって，$(x,t) \to (x_0, 0)$ のとき $-N \leqq \eta \leqq N$ なる η に関して一様に $\varphi(x+\sqrt{4t}\,\eta) \to \varphi(x_0)$ となるから

$$\limsup_{(x,t) \to (x_0,0)} |u(x,t) - \varphi(x_0)| \leq \frac{4M}{\sqrt{\pi}} \int_{N}^{\infty} e^{-\eta^2} d\eta$$

を得る．この左辺は N には無関係であることと，右辺は $N \to \infty$ のとき零に収束することから

$$\limsup_{(x,t) \to (x_0, 0)} |u(x,t) - \varphi(x_0)| = 0$$

すなわち

$$\lim_{(x,t) \to (x_0, 0)} |u(x,t) - \varphi(x_0)| = 0$$

を得る．こうして (ii) が証明された．

(iii)　M を前のように $\varphi(x)$ の上限とすれば

$$|u(x,t)| \leqq \frac{M}{\sqrt{4\pi t}} \int_{-\infty}^{\infty} e^{-(x-\xi)^2/4t} d\xi = \frac{M}{\sqrt{\pi}} \int_{-\infty}^{\infty} e^{-\eta^2} d\eta = M$$

である．他方

$$u_x(x,t) = \frac{1}{\sqrt{4\pi t}} \int_{-\infty}^{\infty} \frac{2(\xi - x)}{4t} e^{-(x-\xi)^2/4t} \varphi(\xi) d\xi$$

は変換 (4) によって

$$u_x(x,t) = \frac{1}{\sqrt{\pi t}} \int_{-\infty}^{\infty} \eta e^{-\eta^2} \varphi(x + \sqrt{4t}\,\eta) d\eta$$

と書ける．したがって

$$|u_x(x,t)| \leqq \frac{M}{\sqrt{\pi t}} \int_{-\infty}^{\infty} |\eta| e^{-\eta^2} d\eta = \frac{2M}{\sqrt{\pi t}} \int_{0}^{\infty} \eta e^{-\eta^2} d\eta = \frac{M}{\sqrt{\pi t}}$$

である．よって (iii) が示された．　　　　　　　　　　　　　　　　（証明終）

■問 1　$\displaystyle\int_{0}^{\infty} \eta e^{-\eta^2} d\eta = \frac{1}{2}$ となることを示せ．

定理 5.4（解の一意性）　$\varphi(x)$ は $-\infty < x < \infty$ で有界かつ連続な関数とする．このとき $-\infty < x < \infty, t \geqq 0$ なる (x,t) で連続であり，かつそれから x 軸を除いたところで 2 回連続的微分可能な関数 $u(x,t)$ が定理 5.3 の (i)，(ii)，(iii) をみたせば，この u は (1) の形に書ける．

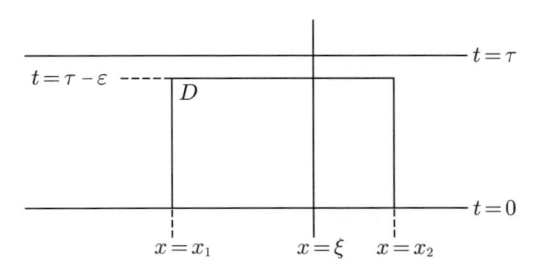

5.3 初期値問題（解の存在と一意性）

図 5.2

証明 ξ と $\tau > 0$ とを任意に選んで固定する．$x_1 < \xi < x_2$ および $\tau - \varepsilon > 0$ なる $x_1, x_2, \varepsilon > 0$ を用いて長方形

$$D: \quad x_1 < x < x_2, \qquad 0 < t < \tau - \varepsilon$$

を作る（図 5.2）．$-\infty < x < \infty$, $0 < t < \tau$ において $v_t + v_{xx} = 0$ をみたす関数 $v(x,t)$ と $u(x,t)$ に対して 5.1 節の公式 (6) を適用すれば（D_T として長方形 D をとる），

$$
\begin{aligned}
0 = & \int_{x_1}^{x_2} u(x,0)v(x,0)dx - \int_{x_1}^{x_2} u(x,\tau-\varepsilon)v(x,\tau-\varepsilon)dx \\
& + \int_0^{\tau-\varepsilon} \{v(x_2,t)u_x(x_2,t) - v_x(x_2,t)u(x_2,t)\}\, dt \\
& - \int_0^{\tau-\varepsilon} \{v(x_1,t)u_x(x_1,t) - v_x(x_1,t)u(x_1,t)\}\, dt
\end{aligned}
\qquad (5)
$$

となる．ここで

$$v(x,t) = K(x-\xi, \tau-t)$$

と選ぶならば

$$v(x_i,t)u_x(x_i,t) = \sqrt{t}\, u_x(x_i,t) \frac{1}{\sqrt{t}\sqrt{4\pi(\tau-t)}} e^{-(x_i-\xi)^2/4(\tau-t)},$$

$$v_x(x_i,t)u(x_i,t) = u(x_i,t) \frac{2(\xi-x_i)}{\sqrt{4\pi(\tau-t)}4(\tau-t)} e^{-(x_i-\xi)^2/4(\tau-t)}$$

となる $(i=1,2)$．u が (iii) をみたすことから，

$$
\begin{aligned}
|v(x_i,t)u_x(x_i,t)| &\leq \frac{1}{\sqrt{\pi}} M_2 C_1 \frac{1}{|X|} \frac{1}{\sqrt{t}}, \\
|v_x(x_i,t)u(x_i,t)| &\leq \frac{2}{\sqrt{\pi}} M_1 C_3 \frac{1}{X^2}
\end{aligned}
\qquad (6)
$$

を得る．ただし，$X = x_i - \xi \, (i = 1, 2)$, C_k は $x^k e^{-x^2}$ の $0 \leqq x < \infty$ における最大値である．したがって (5) の第 2 式と第 3 式は

$$\left| \int_0^{\tau - \varepsilon} \{v(x_i, t) u_x(x_i, t) - v_x(x_i, t) u(x_i, t)\} dt \right|$$
$$\leqq \frac{2}{\sqrt{\pi}} \left(M_2 C_1 \frac{\sqrt{\tau}}{|x_i - \xi|} + M_1 C_3 \frac{\tau}{|x_i - \xi|^2} \right) \quad (i = 1, 2)$$

と評価される．(5) において $x_1 \to -\infty, x_2 \to \infty$ とすれば

$$\int_{-\infty}^{\infty} K(x - \xi, \varepsilon) u(x, \tau - \varepsilon) dx = \int_{-\infty}^{\infty} K(x - \xi, \tau) u(x, 0) dx$$

となることがわかる．さらに $\varepsilon \to 0$ とすれば，$u(x, 0) = \varphi(x)$ であるから

$$u(\xi, \tau) = \int_{-\infty}^{\infty} K(x - \xi, \tau) \varphi(x) dx$$

を得る．こうして定理が証明されたことになる． (証明終)

■**問 2** 不等式 (6) を確かめよ．

●**注意 1** 定理 5.4 において特に $\varphi(x) \equiv 0$ ならば (i)，(ii)，(iii) をみたす関数は恒等的に零となるが，しかし (i)，(ii) だけをみたす関数で，恒等的には零とならないものを作ることができる．すなわちすべての x, t に対して $u_t = u_{xx}$ をみたし，$t = 0$ において $u = 0$ となる関数を次の例題におけるようにして作ることができる．

例題 5.3 $t \neq 0$ のとき $f(t) = e^{-1/t^2}$ とし，$t = 0$ のとき $f(0) = 0$ とする．このとき

$$u(x, t) = \sum_{p=0}^{\infty} \frac{1}{(2p)!} x^{2p} f^{(p)}(t) \tag{7}$$

は

(i) すべての x, t において収束する，
(ii) x, t について何回でも微分が可能（無限回微分可能）である，
(iii) すべての x, t において $u_t = u_{xx}$ をみたす，
(iv) $t = 0$ において $u = 0$ であるが，$u(x, t)$ は恒等的に零ではない．

解 まず $f(t)$ はいたる所無限回微分可能であって，特に，すべての p に対し

5.3 初期値問題（解の存在と一意性）

て $f^{(p)}(0) = 0$ となることに注意しよう．

（ⅰ）　級数 (7) の収束：正則関数の積分表示を用いれば

$$f^{(p)}(t) = \frac{p!}{2\pi i} \oint \frac{f(z)}{(z-t)^{p+1}} dz \tag{8}$$

と書ける．t は正数であって，上の積分は $z = t$ を中心とした円周：$|z-t| = t/2$ を図 5.3 の矢印の方向にとるものとする．この円周上では $f(z)$ の絶対値は e^{-c/t^2} （c としてはたとえば $2/9$ ととればよい）を越えることはない．したがって (8) の絶対値をとってみれば，$f^{(p)}(t)$ はすべての $t > 0$ に対して

$$|f^{(p)}(t)| \leqq \frac{p!}{2\pi i} 2\pi \frac{t}{2} \left(\frac{t}{2}\right)^{-p-1} e^{-c/t^2} = p! 2^p t^{-p} e^{-c/t^2} \tag{9}$$

と評価できる．$t > 0$ の関数 $g(t) = t^p e^{c/t^2}$ $(p \geqq 1)$ は $t = \sqrt{2c/p}$ において最小値をとる．よって (9) から

$$|f^{(p)}(t)| \leqq p! 2^p \left(\frac{p}{2c}\right)^{p/2} e^{-p/2} = p! \left(\sqrt{\frac{2}{ec}}\right)^p p^{p/2} \qquad (t > 0, \quad p \geqq 1)$$

なる評価を得る．したがって (7) の各項の絶対値は，$2p(2p-1)\cdots(p+1) \geqq p^p$ を用いれば，

$$\left|\frac{1}{(2p)!} x^{2p} f^{(p)}(t)\right| \leqq \left(\sqrt{\frac{2}{ecp}} x^2\right)^p \qquad (t \gtreqless 0, \ p \geqq 1) \tag{10}$$

と評価される．したがって (10) の右辺を p について 0 から ∞ まで加えたものは収束する（どんな x に対しても十分大きな p をとれば $\sqrt{2/(ecp)}\, x^2 < 1$ となるから）．こうして級数 (7) が収束することがわかった．

（ⅱ）　$u(x,t)$ の無限回微分可能性：級数 (7) を項別に微分（x および t につい

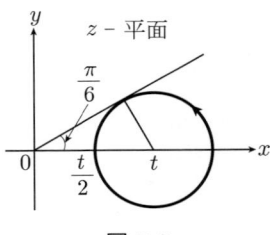

図 5.3

て）して得られる級数も（ⅰ）における同様にして収束することがわかる．よって $u(x,t)$ は何回でも微分できることになる．

（ⅲ）　$u_t = u_{xx}$ をみたすこと：（ⅱ）によって

$$u_t(x,t) = \sum_{p=0}^{\infty} \frac{1}{(2p)!} x^{2p} f^{(p+1)}(t),$$

$$u_{xx}(x,t) = \sum_{p=1}^{\infty} \frac{1}{(2p-2)!} x^{2p-2} f^{(p)}(t) = \sum_{p=0}^{\infty} \frac{1}{(2p)!} x^{2p} f^{(p+1)}(t)$$

となっているので，$u_t = u_{xx}$ を得る．

（ⅳ）　$u(x,0) = 0$ となること：証明の初めにのべたように，すべての p に対して $f^{(p)}(0) = 0$ に注意すれば直ちに $u(x,0) = 0$ を得る．また $u(0,t) = f(t)$ より $u(x,t) \not\equiv 0$ である．　　　　　　　　　　　　　　　　　　　　　（解終）

演習問題

1　固有値問題
$$\begin{cases} X''(x) + \lambda X(x) = 0 \\ X'(0) = X'(L) = 0 \end{cases}$$
の固有値およびそれに対応する固有関数を求めよ．

2　第 2 種初期値境界値問題
$$\begin{cases} u_t = u_{xx} & (0 < x < L,\ t > 0) \\ u(x,0) = \varphi(x) & (0 < x < L) \\ u_x(0,t) = u_x(L,t) = 0 & (t > 0) \end{cases}$$
の解が
$$u(x,t) = \sum_{n=0}^{\infty} A_n e^{-(\frac{n\pi}{L})^2 t} \cos \frac{n\pi x}{L}$$
なる形で与えられるように A_n を求めよ．

3　次に与えられた初期値境界値をもつ方程式 $u_t = u_{xx}$ の解を求めよ．
　（ⅰ）　$u(x,0) = \sin nx$　　　$(0 < x < \pi)$,　$u(0,t) = u(\pi,t) = 0$　　$(t > 0)$
　（ⅱ）　$u(x,0) = x(L-x)$　　$(0 < x < L)$,　$u(0,t) = u(L,t) = 0$　　$(t > 0)$
　（ⅲ）　$u(x,0) = \cos nx$　　　$(0 < x < \pi)$,　$u_x(0,t) = u_x(\pi,t) = 0$　　$(t > 0)$
　（ⅳ）　$u(x,0) = 2 - \cos \dfrac{2\pi y}{L}$　$(0 < x < L)$,　$u_x(0,t) = u_x(L,t) = 0$　$(t > 0)$

4　方程式 $u_t = u_{xx}$ のかわりに $u_t = k u_{xx} (k > 0)$ をとった場合には，5.1 節の公式

演習問題　　　　　　　　　　　　　　　　　　　　　　　　　　　165

(13) はどうかわるか.

5 $K(x,t)$ を x で偏微分した関数

$$u(x,t) = K_x(x,t) = -\frac{x}{4\sqrt{\pi t}\,t}e^{-x^2/4t}$$

は次の性質をもつことを示せ.
(ⅰ) $-\infty < x < \infty,\ t > 0$ において $u_t = u_{xx}$ をみたす.
(ⅱ) $x_0 \neq 0$ ならば, $(x,t) \to (x_0, t)\,(t>0)$ のとき, $u(x,t) \to 0$ である.
(ⅲ) 放物線 $t^2 = x\,(t>0)$ に沿って $(x,t) \to (0,0)$ のとき, $u(x,t) \to 0$ である.
(ⅳ) 放物線 $t = x^2\,(t>0)$ に沿って $(x,t) \to (0,0)$ のとき, $u(x,t) \to -\infty$ である.

6 $\varphi(x) = \cos x$ または $\sin x$ のとき, 初期値問題

$$\begin{cases} u_t = u_{xx} & (-\infty < x < \infty,\ t > 0) \\ u(x,0) = \varphi(x) & (-\infty < x < \infty) \end{cases}$$

の解を求めよ.

7 $\varphi(x)$ は $0 \leqq x < \infty$ で連続で, かつ $\varphi(0) = 0$ とする. さらに $x \geqq L_0$ なるすべての x に対して $\varphi(x) = 0$ となる正数 L_0 が存在するものとする. このとき 5.1 節の (13) 式で与えられる関数を $u_L(x,t)$ と書くならば,

$$\lim_{L \to \infty} u_L(x,t) = \int_{-\infty}^{\infty} K(x-\xi,t)\Phi(\xi)d\xi$$

となることを示せ. ただし

$$\Phi(x) = \begin{cases} \varphi(x) & (x \geqq 0) \\ -\varphi(-x) & (x < 0) \end{cases}$$

とする. 次に, これが初期値境界値問題

$$\begin{cases} u_t = u_{xx} & (x > 0,\ t > 0) \\ u(x,0) = \varphi(x) & (x > 0),\quad u(0,t) = 0 & (t > 0) \end{cases}$$

の解になっていることを確かめよ.

8 $u(x,t)$ は領域 $D: x \geqq 0,\ t \geqq 0$ で連続で, かつ

$$\begin{cases} u_t = u_{xx} & (x > 0,\ t > 0) \\ u(x,0) = 0 & (x \geqq 0),\quad u(0,t) = 0 & (t \geqq 0) \end{cases}$$

をみたし, さらに D において $u(x,t)$ および $\sqrt{t}\,u_x(x,t)$ が有界ならば, u は D に

おいて恒等的に零となることを証明せよ．

9 $u(x,t)$ が下図のグレーの部分からなる領域 D において $u_t = u_{xx}$ をみたし，t 軸上において $u = u_x = 0$ をみたしているとする．D で $v_t + v_{xx} = 0$ をみたし，C_1 と C_2 上で $v = u$, $v_x = u_x$ をみたす関数 $v(x,t)$ が存在するならば，$u(\alpha, 0) = 0$ となることを証明せよ．[ヒント：5.1 節の公式 (6) を $D_T = D$ に適用せよ．]

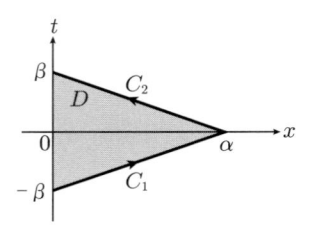

10 一様な断面積 A をもち，均質な物質（密度 ρ，比熱 σ）で出来た棒が x 軸上に置かれてある．棒の内部では熱は x 軸方向にのみ流れているものとする．熱流の速度は温度勾配に比例する（比例定数 K は熱伝導率である）という物理法則に従って，熱方程式

$$u_t = c^2 u_{xx} \quad \left(c^2 = \frac{K}{\sigma\rho}\right)$$

を導き出せ．ただし $u(x,t)$ は x における時刻 t での温度である．

11 温度 T_1 に温めた厚さ l の金属板がある．$t = 0$ の時刻からその両側面を温度 T_2 の熱溜に接した．時刻 t における板内の温度をフーリエ級数の形で求めよ．

(東大理)

12 周期 2 の連続的微分可能な奇関数 $f(x)$ が

$$f(x) = \sum_{n=1}^{\infty} b_n \sin n\pi x$$

なる正弦級数に展開されているとする．このとき，初期値境界値問題

$$\begin{cases} u_t = c^2 u_{xx} & (0 < x < 1) \\ u(0,t) = u(1,t) = 0 & (t > 0) \\ u(x,0) = f(x) & (0 < x < 1) \end{cases}$$

の解 $u(x,t)$ を b_n を用いて級数で表せ． (九大)

13 均質な物質で出来た，一様な断面をもつ棒が一定温度 $0°$C の媒質中に置かれている．この棒が周囲の媒質に自由に熱が放出されるとき，その棒の温度 $v(x,t)$ は

$$v_t = c^2 v_{xx} - \beta v \quad (\beta \text{は正の定数})$$

をみたしているという．$v(x,t) = u(x,t)w(t)$ とおいて，u が熱方程式をみたすように $w(t)$ を定めよ．

14 （ⅰ）$u(x,t) = e^{i\sqrt{3}\,t}y(x)$ が方程式 $u_t - \frac{1}{2}u_{xx} + u = 0$ と条件 $y(0) = 1$, $y(\infty) = 0$ をみたすように $y(x)$ を求めよ．

（ⅱ）$u(0,t) = \cos(\sqrt{3}\,t + \pi/4)$, $u(\infty,t) = 0$ をみたす上記の方程式の実数解を1つ求めよ． （名大工）

参　考　書

　本書で証明できなかった事項および書き漏した事項等を補う意味でも，次の書物は手頃な参考書となろう：

[1]　ペトロフスキー：偏微分方程式論（邦訳，東京図書）1958，
[2]　スミルノフ：高等数学教程9巻（邦訳，共立出版）1961，
[3]　黒田正：応用偏微分方程式（朝倉書店，基礎工業数学講座）1965，
[4]　伊藤清三：偏微分方程式（培風館，新数学シリーズ）1966，
[5]　F. John : Partial differential equations (Springer, Applied Mathematical Sciences vol. 1) 1971,
[6]　南雲道夫：偏微分方程式論（朝倉書店，近代数学講座）1974.

現代の偏微分方程式論の基礎づけに大いに貢献した人の手になる[1]については，今更何もいうことはあるまい．[3]，[4]は放物型方程式を重視して述べられた異色の書である．前者には例題などもたくさん取り入れられ，特に初めて偏微分方程式を勉強しようという方々にも適当であろう．後者は独創味あふれた名著である．[1]，[3]そして[5]は本書を執筆する際にも参考にした書物である．以上[1]から[6]までは本書が要求している程度の予備知識があれば，ほぼ理解することができよう．

　理学・工学への応用に力を入れて書かれた書物もいろいろあるが，次の書物をおすすめする：

[7]　犬井鉄郎：応用偏微分方程式論（岩波書店）1959，
[8]　コシリャコフ・グリニェル・スミルノフ：偏微分方程式（上，下）（邦訳，岩波書店）1974, 1976,
[9]　クライツィグ：フーリエ解析と偏微分方程式（邦訳，培風館）1987.

[7]はこの方面では古くから定評のある書物である．[8]は応用だけに止まらず，理論的にもすぐれたものである．[9]は第2章フーリエ解析を執筆する際に参考にした書物である．

　さらに進んで偏微分方程式を研究して行きたい読者には，程度の高いものとして，

[10]　R. Courant‐D. Hilbert : Method of mathematical physics II (Interscience) 1962,
[11]　溝畑茂：偏微分方程式論（岩波書店，現代数学）1965,

等をおすすめする．[10]は旧版（独語版）を大々的に書き改めたもので，この邦訳が「数理物理学の方法（東京図書）1968」として出版されていることを付け加えておく．[10]でいっているmethodとはmathematical methodのことであって，事実，その内容は理論的にも程度の高いものであって，数学の専門書といってよいであろう．[11]はこれから偏微分方程式論を専攻しようとしておられる方々にはなくてはならない書物であろう．

問題略解

■ 第1章の問

1.2 問2 $\frac{d}{dt}\{u(x(t),y(t))-u(t)\} = u_x\dot{x}+u_y\dot{y}-\dot{u} = au_x+bu_y-c = 0$. よって $u(x(t),y(t))-u(t)=c$（定数）を得る．しかしある t においてこれは零だということから $c=0$ となる．

問3 u を x,y の関数とみなして，(21) の左辺を x,y で偏微分すると，$(1-yu_x)F_\alpha + u_xF_\beta = 0, (y-u-yu_y)F_\alpha+(u_y-1)F_\beta=0$. これらから F_α, F_β を消去する．(21) の x,y,u に初期値を代入すると $F(-s,-s)=s-s=0$. $\alpha=\beta$ から u を解いて (17) を得る．

1.4 問1 $\left.\frac{d}{dt}u(x+\alpha t, y+\beta t)\right|_{t=0} = \alpha u_x(x,y)+\beta u_y(x,y)$.

問2 $u_x = \alpha\partial u/\partial n + \beta\partial u/\partial l,\; u_y = \beta\partial u/\partial n - \alpha\partial u/\partial l$.

1.6 問1 $\boldsymbol{u}\cdot\boldsymbol{t} = u_1 dx/ds + u_2 dy/ds + u_3 dz/ds$.

問2 $\boldsymbol{n}=(\alpha,\beta,\gamma), |\mathrm{P}-\mathrm{Q}|=h$ とおく．Q$=(x+h\alpha, y+h\beta, z+h\gamma)$ である．よって $f(\mathrm{Q})-f(\mathrm{P}) = h(\alpha f_x+\beta f_y+\gamma f_z)+o(h)$.

■ 第1章の演習問題

2 $\omega^2/c^2 = k_1{}^2+k_2{}^2+k_3{}^2$.

5 (i) $u = y+u_0(x-4y)$. (ii) $u = e^{-y}u_0(x-2y)$. (iii) $u = xy^2/2+u_0(x)$.
(iv) $u = -ye^x+e^{-y}u_0(x+y)$.

6 (i) $\dot{x}=x, \dot{y}=y, \dot{u}=u, x(0)=s, y(0)=1, u(0)=u_0(s)$ を解いて，$x=se^t, y=e^t, u=u_0(s)e^t$ を得る．これらから $s=x/y, e^t=y$ となり，$u=yu_0(x/y)$ が求めるべき解である．

(ii) 上と同様にして，$u=u_0(x/y)$.

(iii) $\dot{x}=y, \dot{y}=-x, \dot{u}=0$ より $\ddot{x}=-x$. よって $x=s\cos t, y=-s\sin t$ となる．したがって $s^2=x^2+y^2$ となり，$u=u_0(s^2)$ より $u=u_0(x^2+y^2)$ が求めるべき解である．

(iv) $\dot{x}=u, \dot{y}=-u, \dot{u}=y-x$ より $\ddot{u}=\dot{y}-\dot{x}=-2u$. よって $u=s\cos\sqrt{2}t$. したがって $x=s\sin\sqrt{2}t/\sqrt{2}+s,\; y=-s\sin\sqrt{2}t/\sqrt{2}+s$. $x+y=2s$, $x-y=2s\sin\sqrt{2}t/\sqrt{2}$ より $s=(x+y)/2,\; \cos\sqrt{2}t = (1-2(x+y)^2/(x-y)^2)^{1/2}$ (t は小さいとして）．よって求めるべきものは

$$u = \frac{x+y}{2}\left(1-2\left(\frac{x+y}{x-y}\right)^2\right)^{1/2}.$$

7 (i) $dx/x = dy/y = du/u$ を解いて，$y=\alpha x, u=\beta x$. よって一般解は $F(y/x, u/x)=0$. (ii) 同様にして $F(y/x, u)=0$. (iii) $F(x^2+y^2, u)=0$.

(iv) $dx/u = dy/(-u) = du/(y-x)$. よって $dy/dx = -1$, $du/dx = (y-x)/u$. これを解いて, $y = -x + \alpha$, $du/dx = (-2x+\alpha)/u$ より $x^2 - \alpha x + u^2/2 = \beta$. よって $\alpha = x+y$, $\beta = -xy + u^2/2$. 一般解は $F(x+y, -xy+u^2/2) = 0$.

8 (i) $u = xy - x^2/2 + u_0(y-2x)$.　　(ii) $x = t$, $y = 2t$, $u = 3t^2/2$.
　(iii) $k = 1, 2, \cdots$ のとき $u = xy - x^2/2 + (y-2x)^k$ はすべて(ii)で求めた解曲線を含んでいる.

9 $au_x + bu_y = a(au_\xi - bu_\eta) + b(bu_\xi + au_\eta) = (a^2+b^2)u_\xi = cu + f$. よって $u_\xi = cu/(a^2+b^2) + f/(a^2+b^2)$.

11 (i) $H(p,q) = p^2 + q^2 - 1$. $\dot{x} = 2p$, $\dot{y} = 2q$, $\dot{p} = \dot{q} = 0$, を解いて $p = p_0$, $q = q_0$, $x = 2p_0 t$, $y = 2q_0 t + s$. また $u^* = s + 2(p_0{}^2 + q_0{}^2)t$. $1 = q_0$, $p_0{}^2 + q_0{}^2 - 1 = 0$ より $p_0 = 0$. よって $x = 0$, $y = 2t + s$, $u^* = s + 2t$. したがって $u = y$.

　(ii) $H(p,q) = p^2 - q - 1$. $\dot{x} = 2p$, $\dot{y} = -1$, $\dot{p} = \dot{q} = 0$ を解いて, $p = p_0$, $q = q_0$, $x = 2p_0 t$, $y = -t + s$, $u^* = \beta s + (2p_0{}^2 - q_0)t$. $\beta = q_0$, $p_0{}^2 - q_0 - 1 = 0$ より $p_0{}^2 = 1 + \beta$. $\beta < -1$ のときは解はない. $\beta > -1$ のときには $p_0 = \pm\sqrt{1+\beta}$. よって $x = \pm 2\sqrt{1+\beta}\,t$, $y = -t + s$, $u^* = \beta s + (2+\beta)t$. したがって $t = \pm x/2\sqrt{1+\beta}$, $s = y \pm x/2\sqrt{1+\beta}$ となり, $u = \beta y \pm \sqrt{1+\beta}\,x$ が求めるべき解である. $\beta = -1$ のときも $u = -y$ である.

　(iii) $H(p,q) = p^2 - q^2 + 1$. (ii)のときと同様にして, $|\beta| < 1$ のときには解はなし, $|\beta| \geqq 1$ のときには $u = \beta y \pm \sqrt{\beta^2 - 1}\,x$ を得る.

　(iv) $H(p,q) = pq - 1$. 同様にして $\beta = 0$ のときには解はなし, $\beta \neq 0$ のときには $u = \beta y + x/\beta$ が解である.

12 (i) このときには, X, Y の2次関数 $aX^2 + 2bXY + cY^2$ は定符号となり, どんな特性方向も持たないから.

　(ii) $\varphi(x,y) = 0$ を y について解いて, それを $y = y(x)$ とする. $\varphi_x + \varphi_y \cdot y' = 0$ より $y' = -\varphi_x/\varphi_y$ となるから, 特性微分方程式は $ay'^2 - 2by' + c = 0$ となる. これを y' について解いて $y' = (b \pm \sqrt{b^2 - ac})/a$ を得る.

13 特性線が直線となることは前問からもわかる. 実際その直線の勾配は $(b \pm \sqrt{b^2 - ac})/a$ である. したがってそれに垂直な方向の傾きは $-a/(b \pm \sqrt{b^2 - ac})$ である. 他方特性方程式 $a\alpha^2 + 2b\alpha\beta + c\beta^2 = 0$ を解いて $\beta/\alpha = (-b \pm \sqrt{b^2 - ac})/c = a/(-b \mp \sqrt{b^2 - ac})$ を得る.

14 (i) $ac - b^2 = 4 > 0$, 楕円型.
　(ii) $ac - b^2 = 4 - 1 = 3 > 0$, 楕円型.
　(iii) $ac - b^2 = -1/4 < 0$, 双曲型. 特性線は $x = $ 定数, $y = $ 定数.
　(iv) $ac - b^2 = 1 - 1 = 0$, $b^2 + c^2 = 2 \neq 0$, $be - cd = 0$, よって放物型でもな

い．実際この方程式は $(\partial/\partial x + \partial/\partial y)^2 u = 0$ である．
（v） $ac - b^2 = 0$, $be - cd = -1 < 0$, よってこれは放物型である．
これも $(\partial/\partial x - \partial/\partial y)^2 u + u_y - u = 0$ と書ける．

16 $\iint u(\omega_{xx} - \omega_{yy})dxdy = \left(\iint_{D_1} + \iint_{D_2}\right)u(\omega_{xx} - \omega_{yy})dxdy$ と積分をわける．$u(\omega_{xx} - \omega_{yy}) = \omega(u_{xx} - u_{yy}) + (u\omega_x - u_x\omega)_x - (u\omega_y - u_y\omega)_y$ として，ガウスの定理を用いて $\iint_{D_1} u(\omega_{xx} - \omega_{yy})dxdy = \int_\Gamma \{(u\omega_x - u_x\omega)\alpha - (u\omega_y - u_y\omega)\beta\}ds$, 同様に $\iint_{D_2} u(\omega_{xx} - \omega_{yy})dxdy = -\int_\Gamma \{(u\omega_x - u_x\omega)\alpha - (u\omega_y - u_y\omega)\beta\}ds$ である．ここで $\alpha = \varphi_x/\sqrt{\varphi_x{}^2 + \varphi_y{}^2}$, $\beta = \varphi_y/\sqrt{\varphi_x{}^2 + \varphi_y{}^2}$ である．$[u], [u_x], [u_y]$ によって Γ 上での u, u_x, u_y の値の差を表すものとすれば，$\int_\Gamma \{[u](\alpha\omega_x - \beta\omega_y) - (\alpha[u_x] - \beta[u_y])\omega\}ds = 0$ を得る．1.4 節の問 2 を用いて $\int_\Gamma \left\{[u]\left((\alpha^2 - \beta^2)\dfrac{\partial \omega}{\partial n} + 2\alpha\beta\dfrac{\partial \omega}{\partial s}\right) - (\alpha[u_x] - \beta[u_y])\omega\right\}ds = \int_\Gamma \left\{[u](\alpha^2 - \beta^2)\dfrac{\partial \omega}{\partial n} - \left(\dfrac{\partial}{\partial s}(2\alpha\beta[u]) + (\alpha[u_x] - \beta[u_y])\right)\omega\right\}ds = 0$. したがって Γ 上で $\omega = 0$, $\partial\omega/\partial n = [u](\alpha^2 - \beta^2)$ となるような $\omega \in C_0{}^2$ を選べば，Γ 上で $\alpha^2 - \beta^2 = 0$, すなわち $\varphi_x{}^2 - \varphi_y{}^2 = 0$ がわかる．

17 （ i ） $y = 0$ において，$u = 0$, $u_y = x^2$, $u_{yy} = -u_{xx} = 0$, $u_{yyy} = -2$, $u_y{}^{(4)} = u_y{}^{(5)} = \cdots = 0$. よって $u = u(x,0) + u_y(x,0)y + u_{yy}(x,0)y^2/2 = x^2y - y^3/3$.

（ ii ） $y = 0$ において，$u = 0$, $u_y = \sin x$, $u_{yy} = 0$, $u_{yyy} = -\sin x$, $u_y{}^{(4)} = 0$, $u_y{}^{(5)} = \sin x$, $\cdots$. よって $u = \sin x \cdot y - \sin x \cdot y^3/3! + \sin x \cdot y^5/5! + \cdots = \sin x \sin y$.

（iii） $y = 0$ において，$u = \cos x$, $u_y = 0$, $u_{yy} = -\cos x$, $u_{yyy} = 0$, $u_y{}^{(4)} = \cos x$, $\cdots$. よって $u = \cos x \cos y$.

（iv） $y = 0$ において，$u = e^x$, $u_y = e^x$, $u_{yy} = e^x$, $\cdots$. よって
$$u = e^x + e^x y + e^x y^2/2! + \cdots = e^x e^y.$$

18 平面におけるガウスの公式 $(2')$ において $u_1 = x$, $u_2 = y$ と選べば
$$2\iint_B dxdy = \int_C xdy - ydx$$
を得る．同様に $u_1 = x$, $u_2 = 0$ および $u_1 = 0$, $u_2 = y$ と選べばよい．

19 定理 1.3 の $(1')$ において，$u_1 = x$, $u_2 = y$, $u_3 = z$ と選べばよい．

20 グリーンの第 1 公式 (3) において $g = f$ とおき，$\Delta f = 0$, $\partial f/\partial n = 0$ であるから
$$\iiint_D |\nabla f|^2 dxdydz = 0$$

を得る．よって $f_x = f_y = 0$.

21 元の座標系を $(O, \boldsymbol{i}, \boldsymbol{j}, \boldsymbol{k})$ とし，新しい座標系を $(O^*, \boldsymbol{i}^*, \boldsymbol{j}^*, \boldsymbol{k}^*)$ とすると $\overrightarrow{OP} = x_1\boldsymbol{i} + x_2\boldsymbol{j} + x_3\boldsymbol{k}$, $\overrightarrow{O^*P} = X_1\boldsymbol{i}^* + X_2\boldsymbol{j}^* + X_3\boldsymbol{k}^*$ である．$\overrightarrow{O^*O} = b_1\boldsymbol{i}^* + b_2\boldsymbol{j}^* + b_3\boldsymbol{k}^*$ とおく．$\boldsymbol{i}^* \cdot \boldsymbol{i} = c_{11}$, $\boldsymbol{i}^* \cdot \boldsymbol{j} = c_{12}$, $\boldsymbol{i}^* \cdot \boldsymbol{k} = c_{13}$ とおくと

$$X_1 = \overrightarrow{O^*P} \cdot \boldsymbol{i}^* = (\overrightarrow{OP} + \overrightarrow{O^*O}) \cdot \boldsymbol{i}^* = \sum_{j=1}^{3} c_{1j} x_j + b_1$$

を得る．同様に $X_2 = \overrightarrow{O^*P} \cdot \boldsymbol{j}^*$, $X_3 = \overrightarrow{O^*P} \cdot \boldsymbol{k}^*$ から X_2, X_3 の変換が導かれる．

ベクトル $\boldsymbol{u}$ に対しては $\boldsymbol{u} = u_1\boldsymbol{i} + u_2\boldsymbol{j} + u_3\boldsymbol{k} = U_1\boldsymbol{i}^* + U_2\boldsymbol{j}^* + U_3\boldsymbol{k}^*$ と書ける．$\boldsymbol{u} \cdot \boldsymbol{i}^*$, $\boldsymbol{u} \cdot \boldsymbol{j}^*$, $\boldsymbol{u} \cdot \boldsymbol{k}^*$ および $\boldsymbol{u} \cdot \boldsymbol{i}$, $\boldsymbol{u} \cdot \boldsymbol{j}$, $\boldsymbol{u} \cdot \boldsymbol{k}$ を計算して

$$U_i = \sum_{j=1}^{3} c_{ij} u_j, \quad u_j = \sum_{k=1}^{3} c_{kj} U_k$$

を得る．これらの式から (c_{ij}) が直交行列なることがわかる．

最後に

$$\frac{\partial u_i}{\partial x_i} = \sum_{k=1}^{3} \frac{\partial u_i}{\partial X_k} \frac{\partial X_k}{\partial x_i} = \sum_{k=1}^{3} c_{ki} \sum_{m=1}^{3} c_{mi} \frac{\partial U_m}{\partial X_k} = \sum_{k,m=1}^{3} c_{ki} c_{mi} \frac{\partial U_m}{\partial X_k}.$$

よって

$$\sum_{i=1}^{3} \frac{\partial u_i}{\partial x_i} = \sum_{k,m=1}^{3} \left(\sum_{i=1}^{3} c_{ki} c_{mi} \right) \frac{\partial U_m}{\partial X_k} = \sum_{k=1}^{3} \frac{\partial U_k}{\partial X_k}.$$

22 $|\boldsymbol{u}|^a \boldsymbol{u} = \lambda^{a+1} r^{a(\lambda-1)+\lambda-2} \boldsymbol{r}$ より $\mathrm{div}(|\boldsymbol{u}|^a \boldsymbol{u}) = \lambda^{a+1}\{(a+1)\lambda + 1 - a\} = 0$. よって $\lambda = (a-1)/(a+1)$ $(a \neq -1)$. $a = -1$ のときはどんな λ に対しても成り立たない．

■ 第 2 章の問

2.1 問 2 $\cos^n x \sin^m x$ が三角関数系 (3) の 1 次結合で書けることに注意せよ．

問 3 $f(x)$ が偶（奇）関数のとき，$f(x)\cos nx$ は偶（奇）関数，$f(x)\sin nx$ は奇（偶）関数である．

2.2 問 1 （ⅰ） $\int_0^\pi \cos Nt\, dt \to 0 (N \to \infty)$ だから．（ⅱ） $\lim_{t \to 0} \frac{1}{t}\left(1 - \frac{t/2}{\tan(t/2)}\right) = 0$ と定理 2.2 の (7) より $\lim_{N \to \infty} \int_0^\pi \left(1 - \frac{t/2}{\tan(t/2)}\right) \frac{\sin Nt}{t} dt = 0$. よって $\frac{2}{\pi} \int_0^\pi \frac{\sin Nt}{t} dt = \frac{2}{\pi} \int_0^{N\pi} \frac{\sin t}{t} dt$ において $N \to \infty$ として

問題略解

$\dfrac{2}{\pi}\displaystyle\int_0^\infty \dfrac{\sin t}{t}dt = 1$. $\displaystyle\int_0^\infty \dfrac{\sin Mt}{t}dt$ は置換 $x = Mt$ により $\displaystyle\int_0^\infty \dfrac{\sin x}{x}dx$ となる.

問 2 パーセバルの等式は $2\pi^2 + 4\displaystyle\sum_{n=1}^\infty \dfrac{1}{n^2} = \dfrac{1}{\pi}\displaystyle\int_0^{2\pi} x^2 dx = \dfrac{8}{3}\pi^2$ となる.

問 3 パーセバルの等式 $\displaystyle\sum_{n=1}^\infty b_n{}^2 = \dfrac{1}{\pi}\displaystyle\int_{-\pi}^\pi dx$ から出る.

2.3 問 1 $f(t)$ が偶 (奇) 関数ならば $f(t)\cos t\xi$ は偶 (奇) 関数, $f(t)\sin t\xi$ は奇 (偶) 関数になる. (i), (ii) は (6), (8) から出る.

問 3 (10) において $x = 0$ とおけ.

2.4 問 1 ガンマ関数の定義式 $\Gamma(n+1)$ を部分積分すればよい. 部分積分により

$$\mathcal{L}(t^n) = \int_0^\infty e^{-st} t^n dt = \dfrac{n}{s}\int_0^\infty e^{-st} t^{n-1} dt = \cdots = \dfrac{n!}{s^n}\int_0^\infty e^{-st} dt$$
$$= \dfrac{n!}{s^{n+1}}.$$

問 2 $\Gamma(1/2) = \sqrt{\pi}$ を示せばよい. 置換積分により

$$\Gamma\left(\dfrac{1}{2}\right) = \int_0^\infty \dfrac{e^{-x}}{\sqrt{x}}dx\,(y = \sqrt{x}) = 2\int_0^\infty e^{-y^2}dy = \sqrt{\pi}.$$

問 3 部分積分により $\mathcal{L}(f') = s\mathcal{L}(f) - f(0)$. よって $\mathcal{L}(f^{(n)}) = s\mathcal{L}(f^{(n-1)}) - f^{(n-1)}(0)$.

問 4 $\mathcal{L}(u_a(t)) = \displaystyle\int_0^\infty e^{-st} u_a(t) dt = \displaystyle\int_a^\infty e^{-st} dt = \dfrac{e^{-as}}{s}$.

■ 第 2 章の演習問題

1 (ⅰ) $2\displaystyle\sum_{n=1}^\infty (-1)^{n+1}\dfrac{1}{n}\sin nx$.

(ⅱ) $\dfrac{\pi}{4} - \displaystyle\sum_{n=1}^\infty \left\{\dfrac{2}{(2n-1)^2\pi}\cos(2n-1)x + (-1)^n\dfrac{1}{n}\sin nx\right\}$.

(ⅲ) $\dfrac{1}{2} - \dfrac{2}{\pi}\displaystyle\sum_{n=1}^\infty (-1)^n \dfrac{1}{2n-1}\cos(2n-1)x$. (ⅳ) $2\displaystyle\sum_{n=1}^\infty \dfrac{1}{n}\sin nx$.

(ⅴ) $\dfrac{4}{\pi}\displaystyle\sum_{n=1}^\infty \dfrac{1}{2n-1}\sin(2n-1)x$.

(ⅵ) $\dfrac{1}{\pi}(e^\pi - 1) + \dfrac{2}{\pi}\displaystyle\sum_{n=1}^\infty \dfrac{1}{1+n^2}\{(-1)^n e^\pi - 1\}\cos nx$.

2 前問 (ⅲ) の展開式において $x = 0$ とおけ.

3 $f(Tx/2\pi)$ を x についてフーリエ級数に展開し, その展開式で $x = 2\pi t/T$ とおけ.

4 $f_1(t)$, $f_2(t)$ は周期 $2l$ の周期関数であるから，$T = 2l$ として前問と 2.1 節の問 3 を適用すればよい．

5 $\cos nx = (e^{inx} + e^{-inx})/2$, $\sin nx = (e^{inx} + e^{-inx})/2i$ をフーリエ三角級数に代入して，$c_0 = a_0/2$, $c_n = (a_n - ib_n)/2$, $c_{-n} = \bar{c}_n (n \geq 1)$ とおけばよい．

6 指数関数列 $1, e^{\pm ix}, e^{\pm 2ix}, \cdots$ が直交系であって，それらの絶対値（1 に等しい）の 2 乗の積分が 2π であることを用いて，次のように計算できる：$s_N(x) = \sum_{n=-N}^{N} c_n e^{inx}$ とおくと，$\int_{-\pi}^{\pi} |s_N(x) - f(x)|^2 dx = -2\pi \sum_{n=-\infty}^{\infty} |c_n|^2 + \int_{-\pi}^{\pi} f(x)^2 dx$ を得る．よって求めるべきベッセルの不等式が導かれる．

7 （ⅰ）$i \sum_{n=-\infty(n \neq 0)}^{\infty} (-1)^n \frac{1}{n} e^{inx}$. （ⅱ）$-\frac{2i}{\pi} \sum_{n=-\infty}^{\infty} \frac{1}{2n-1} e^{i(2n-1)x}$.

8 $f(x)$ のフーリエ係数 a_n, b_n の積分を順次 k 回部分積分を行って

$$a_n = \frac{1}{\pi} \int_{-\pi}^{\pi} f(x) \cos nx dx = \frac{1}{\pi} \left[f(x) \frac{\sin nx}{n} \right]_{-\pi}^{\pi} - \frac{1}{n\pi} \int_{-\pi}^{\pi} f'(x) \sin nx dx$$

$$= \frac{1}{n^2 \pi} \left[f'(x) \cos nx \right]_{-\pi}^{\pi} - \frac{1}{n^2 \pi} \int_{-\pi}^{\pi} f''(x) \cos nx dx$$

$$= -\frac{1}{n^2 \pi} \int_{-\pi}^{\pi} f''(x) \cos nx dx = \cdots$$

$$= \frac{(-1)^s}{\pi n^{2s-1}} \int_{-\pi}^{\pi} f^{2s-1}(x) \sin nx dx = \frac{(-1)^s}{\pi n^{2s}} \int_{-\pi}^{\pi} f^{2s}(x) \cos nx dx = \cdots.$$

よって $|a_n| \leq 2M_k/n^k$. 同様に $|b_n| \leq 2M_k/n^k$. したがって $k \geq 2$ ならば

$$\sum_{n=1}^{\infty} |a_n \cos nx + b_n \sin nx| \leq 4M_k \sum_{n=1}^{\infty} 1/n^k < \infty$$

である．$S_N(x)$ は $|x| \leq \pi$ で絶対かつ一様に $f(x)$ に収束する．

9 （ⅰ）$A(\xi) + iB(\xi) = 2 \int_0^{\infty} f(t) e^{i\xi t} dt = 2 \int_0^{\pi} \frac{\pi}{2} e^{i\xi t} dt$

$$= \frac{\pi}{\xi} \sin \pi \xi + i \frac{\pi}{\xi} (1 - \cos \pi \xi).$$

よって $f(x) = \int_0^{\infty} \frac{1}{\xi} \sin \pi \xi \cos x\xi d\xi = \int_0^{\infty} \frac{1}{\xi} (1 - \cos \pi \xi) \sin x\xi d\xi$.

（ⅱ）$A(\xi) + iB(\xi) = 2 \int_0^{a} t e^{i\xi t} dt$

$$= \frac{2}{\xi} \left(\frac{\cos a\xi}{\xi} + a \sin a\xi - \frac{1}{\xi} \right) + \frac{2i}{\xi} \left(\frac{\sin a\xi}{\xi} - a \cos a\xi \right).$$

問題略解

よって $f(x) = \dfrac{2}{\pi}\int_0^\infty \dfrac{1}{\xi}\left(\dfrac{\cos a\xi}{\xi} + a\sin a\xi - \dfrac{1}{\xi}\right)\cos\xi x d\xi$

$\qquad\qquad = \dfrac{2}{\pi}\int_0^\infty \dfrac{1}{\xi}\left(\dfrac{\sin a\xi}{\xi} - a\cos a\xi\right)\sin\xi x d\xi.$

10 (ⅰ) 右辺の関数を $-\pi < x < 0$ まで奇関数に拡張する．2.3 節問 1(i) より，
$B(\xi) = 2\int_0^\pi \dfrac{\pi}{2}\sin t\sin t\xi dt = \dfrac{\pi}{1-\xi^2}\sin\pi\xi$ であるから与式を得る．

(ⅱ) 右辺の関数を，今度は $-\pi < x < 0$ まで偶関数に拡張して，
$A(\xi) = 2\int_0^\infty \dfrac{\pi}{2}e^{-t}\cos t\xi dt = \dfrac{\pi}{1+\xi^2}$ であるから与式を得る．

11 2.3 節の (9) において，積分順序を換えて

$$f(x) = \lim_{M\to\infty}\dfrac{1}{\pi}\int_0^M d\xi\int_{-\infty}^\infty f(t)\cos\xi(x-t)dt$$

$$= \lim_{M\to\infty}\dfrac{1}{\pi}\int_{-\infty}^\infty f(t)\dfrac{\sin M(x-t)}{x-t}dt.$$

12 (ⅰ) 問題 3 で得られたフーリエ級数にフーリエ係数を代入して，

$$f_T(x) = \dfrac{1}{T}\int_{-a}^a f(t)dt + \sum_{n=1}^\infty \dfrac{2}{T}\int_{-a}^a f(t)\cos\dfrac{2n\pi}{T}(x-t)dt$$

$$= \dfrac{\pi}{T}h_x(0) + \sum_{n=1}^\infty \dfrac{2\pi}{T}h_x\left(\dfrac{2\pi}{T}n\right)$$

となる．これに $T = 2\pi N/M$ を代入する．

(ⅱ) $h_x(\xi)$ の積分で部分積分を 2 回行って

$$h_x(\xi) = \dfrac{1}{\pi\xi}\int_{-a}^a f'(t)\sin\xi(x-t)dt = \dfrac{-1}{\pi\xi^2}\int_{-a}^a f''(t)\cos\xi(x-t)dt.$$

よって $|h_x(\xi)| \leqq \dfrac{1}{\pi\xi^2}\int_{-a}^a |f''(t)|dt = \dfrac{C}{\xi^2}$ を得る．2 番目の式については定積分を使って

$$\dfrac{1}{(N+1)^2} + \dfrac{1}{(N+2)^2} + \cdots \leqq \int_N^\infty \dfrac{1}{x^2}dx = \dfrac{1}{N}.$$

(ⅲ) $\left|f_T(x) - \sum_{n=1}^N \dfrac{M}{N}h_x\left(\dfrac{nM}{N}\right)\right| \leqq \dfrac{M}{2N}|h_x(0)| + \sum_{n=N+1}^\infty C\dfrac{M}{N}\left(\dfrac{N}{nM}\right)^2$

$\qquad\qquad \leqq \dfrac{M}{2N}|h_x(0)| + \dfrac{CN}{M}\sum_{n=N+1}^\infty \dfrac{1}{n^2} \leqq \dfrac{M}{2\pi N}\int_{-a}^a |f(t)|\,dt + \dfrac{C}{M}.$

$\displaystyle\lim_{N\to\infty}\sum_{n=1}^N \dfrac{M}{N}h_x\left(\dfrac{nM}{N}\right) = \int_0^M h_x(\xi)d\xi,\ \lim_{N\to\infty}\dfrac{M}{2\pi N}\int_{-a}^a |f(t)|\,dt = 0.$

さらに $T \to \infty$ のとき $f_T(x) \to f(x)$ に注意して，(iii)の不等式を得る．

13 $\displaystyle \int_{-\infty}^{\infty} f(x) e^{-ix\xi} \left\{ \frac{i(e^{-ixh} - 1)}{h} - x \right\} dx$

$\displaystyle = \int_{-\infty}^{\infty} f(x) e^{-ix\xi} \left\{ \frac{\sin xh}{h} - x + i\frac{\cos xh - 1}{h} \right\} dx$

$\displaystyle = \int_{-\infty}^{-M} + \int_{M}^{\infty} + \int_{-M}^{M} f(x) e^{-ix\xi} \{\ \} dx.$

$|x| > M$ では $|\{\ \}| \leq \left|\dfrac{\sin xh}{xh} x - x + i\dfrac{\cos xh - 1}{xh}\right| \leq 3x.$

$|x| < M$ では $|\{\ \}| \leq \dfrac{1}{\cos xh} - 1 + \dfrac{x}{4} xh \leq \dfrac{1}{\cos Mh} - 1 + \dfrac{M}{4} Mh$

$\left(Mh < \dfrac{\pi}{2}\right).$

よって $\displaystyle \lim_{h \to 0} \int_{-\infty}^{\infty} f(x) e^{-ix\xi} \{\ \} dx \leq \int_{|x|>M} 3|xf(x)| dx.$

14 (i) $\sin 5t/5$. (ii) $(t-1)e^t + 1$. (iii) $4(e^{-t} - e^{-2t})$.
(iv) $3 - 3e^{-3t}$. (v) $(e^t + 1)/t$. (vi) $t \sin 2t / 2$.

15 (i) $(e^{5t} + e^{-t})/2$. (ii) $Y = 1/s^2(s+2)^2 = \mathcal{L}(te^{-2t} + e^{-t} + t - 1)/4$.
(iii) $Y = (1 - e^{-s})/s(s^2 + 2)$, $y = (1 - \cos\sqrt{2}t)/2$ $(t < 1)$, $= \{\cos\sqrt{2}(t-1) - \cos\sqrt{2}t\}/2$ $(t > 1)$. (iv) $e^t(\sin t/2)/2$.

16 (i) $2/(s-1)^2$. (ii) $(s+2)/\{(s+2)^2 + 1\}$.
(iii) $4s/(s^2 - 4)^2$. (iv) $2\omega(s+2)/\{(s+2)^2 + \omega^2\}^2$.

17 $F(s) = \mathcal{L}(f)$, $G(s) = \mathcal{L}(g)$ とする．移動定理より

$\displaystyle e^{-s\tau} G(s) = \int_0^{\infty} e^{-st} g(t - \tau) u_\tau(t) dt = \int_\tau^{\infty} e^{-st} g(t - \tau) dt.$

よって $\displaystyle F(s)G(s) = \int_0^{\infty} e^{-s\tau} f(\tau) G(s) d\tau = \int_0^{\infty} f(\tau) d\tau \int_\tau^{\infty} e^{-st} g(t-\tau) dt.$
積分順序を交換して

$\displaystyle F(s)G(s) = \int_0^{\infty} e^{-st} dt \int_0^t f(\tau) g(t - \tau) d\tau = \int_0^{\infty} e^{-st} h(t) dt = \mathcal{L}(h).$

18 $\sqrt{st} = x$ によって置換積分すると

$\displaystyle \int_0^{\infty} \frac{1}{2\sqrt{\pi t}} e^{-a^2/4t} e^{-st} dt = \frac{e^{-a\sqrt{s}}}{\sqrt{\pi s}} \int_0^{\infty} e^{-\left(x - \frac{c}{x}\right)^2} dx \quad \left(c = \frac{a\sqrt{s}}{2}\right)$

となる．

$\displaystyle f(c) = \int_0^{\infty} e^{-\left(x - \frac{c}{x}\right)^2} dx$ とおくと $\displaystyle f'(c) = 2f(c) - 2\int_0^{\infty} \frac{c}{x^2} e^{-\left(x - \frac{c}{x}\right)^2} dx.$

$y = c/x$ で置換積分して，$f'(c) = 2f(c) - 2f(c) = 0$. よって $f(c) = f(0)$

問題略解   177

$= \sqrt{\pi}/2$.

19 $\hat{f}(\xi) = -2i\xi/(1+\xi^2)$ である．よって $B(\xi) = 2\xi/(1+\xi^2)$．定理 2.5 の (4) を適用せよ．

■ 第3章の問

3.2 問2 3.2 節の I におけると同じようにやればよい．$F'(t) + G'(t) = 0 \, (t > 0)$ より $G'(x) = -F'(-x) = -\varphi'(-x)/2 - \psi(-x)/2 \, (x < 0)$ となるから，$G(x) = \varphi(-x)/2 + \dfrac{1}{2}\displaystyle\int_0^{-x} \psi(\xi)d\xi \, (x < 0)$ である．よって，$x > t$ では

$$u = F(x+t) + G(x-t) = \frac{\varphi(x+t) + \varphi(x-t)}{2} + \frac{1}{2}\int_{x-t}^{x+t} \psi(\xi)d\xi,$$

$x < t$ では $u = \dfrac{\varphi(x+t) + \varphi(t-x)}{2} + \dfrac{1}{2}\displaystyle\int_0^{t-x} \psi(\xi)d\xi + \dfrac{1}{2}\displaystyle\int_0^{x+t} \psi(\xi)d\xi$．$\varphi(x), \psi(x)$ を $x < 0$ まで偶関数として拡張したものを $\Phi(x), \Psi(x)$ とすれば，上の解は $\dfrac{\Phi(x+t) + \Phi(x-t)}{2} + \dfrac{1}{2}\displaystyle\int_{x-t}^{x+t} \Psi(\xi)d\xi$ と書ける．

問4 この u を (1) に代入して，$\displaystyle\sum_{n=0}^{\infty} \ddot{a}_n(t)\cos\dfrac{n\pi x}{L} = -\sum_{n=0}^{\infty} a_n(t)\left(\dfrac{n\pi}{L}\right)^2 \cos\dfrac{n\pi x}{L}$ を得る．よって $\ddot{a}_n + (n\pi/L)^2 a_n = 0$ でなければならない．これを解いて，$a_n(t) = A_n \cos n\pi t/L + B_n \sin n\pi t/L$．以下初期条件 (7) をみたすように A_n, B_n を決める方法は本文に説明したとおりである．

3.5 問1 $v(\rho) = \displaystyle\sum_{m=0}^{\infty} d_{2m}\rho^{2m}$ とおくとき，$d_{2m+2}/d_{2m} = -1/(m+1)^2 2^2 \to 0 \, (m \to \infty)$.

■ 第3章の演習問題

1 (i) $u = (e^{x+t} + e^{x-t})/2 + \sin x \sin t$．(ii) $u = (e^{-(x+t)^2} + e^{-(x-t)^2})/2$．
(iii) $u = \dfrac{1}{2}\displaystyle\int_0^t d\tau \int_{x-(t-\tau)}^{x+(t-\tau)} \xi d\xi = xt^2/2$．
(iv) $u = \dfrac{1}{2}\displaystyle\int_{x-t}^{x+t} d\xi + \dfrac{1}{2}\int_0^t d\tau \int_{x-(t-\tau)}^{x+(t-\tau)} \cos\xi d\xi = t + \cos x(1 - \cos t)$.

2 (i) $u = \sin x \cos t$．(ii) $u = x^2 + t^2 + \cos x \sin t \, (x > t)$, $= 2xt + \sin x \cos t \, (x < t)$．(iii) $u = x^2 + t^2 + \cos x \sin t$．

3 (i) $u = \cos 3\pi t/L \sin 3\pi x/L$．(ii) $u = (5L/\pi)\sin \pi t/L \sin \pi x/L$．
(iii) $u = \cos \pi t/L \cos \pi x/L$．

5 $A = (x,t)$, $B = (x+h, t+h)$, $C = (x+h-k, t+h+k)$, $D = (x-k, t+k)$ とする．$u(x,t) = F(x+t) + G(x-t)$ なる一般解を用いて，$u(A) = F(x+t) + G(x-t)$, $u(B) = F(x+t+2h) + G(x-t)$, $u(C) = F(x+t+2h) + G(x-t-2k)$, $u(D) = F(x+t) + G(x-t-2k)$. よって $u(A) + u(C) = u(B) + u(D)$.

6 （ⅰ）図 3.5 において，A $= (0,0)$, B $= ((x+t)/2, (x+t)/2)$, C $= (x,t)$, D $= ((x-t)/2, (t-x)/2)$.
よって $u(x,t) = \Phi((x-t)/2) + \Psi((x+t)/2) - \Phi(0)$.

（ⅱ）図 3.5 において，A$'= ((t-x)/2, (t-x)/2)$, B$' = ((x+t)/2, (x+t)/2)$, C$' = (x,t)$, D$' = (0, t-x)$,
よって $u(x,t) = \Phi(t-x) + \Psi((x+t)/2) - \Psi((t-x)/2)$.

7 図 3.5 のグレーの部分 $(x > t)$ では $u(x,t) = \dfrac{\varphi(x+t)+\varphi(x-t)}{2} + \dfrac{1}{2}\displaystyle\int_{x-t}^{x+t}\psi(\xi)d\xi$.

前問（ⅱ）において，$\Phi = 0, \Psi(x) = \dfrac{\varphi(2x)+\varphi(0)}{2} + \dfrac{1}{2}\displaystyle\int_0^{2x}\psi(\xi)d\xi$ ととれば，$t > x$ においては $u(x,t) = \dfrac{\varphi(x+t)-\varphi(t-x)}{2} + \dfrac{1}{2}\displaystyle\int_{t-x}^{x+t}\psi(\xi)d\xi$ となる．

8 $\tilde{\varphi}(x) = \varphi(x)(0<x<L), = \varphi(2L-x)(L<x<2L)$ そして $\tilde{\psi}(x) = \psi(x)(0<x<L), = \psi(2L-x)(L<x<2L)$ とし，これらをさらに周期 $2L$ によって $x > 0$ まで周期的にのばしてできる関数を同じく $\tilde{\varphi}, \tilde{\psi}$ と書くことにする．この $\tilde{\varphi}, \tilde{\psi}$ を $x < 0$ に偶関数となるよう拡張したものを，それぞれ $\Phi(x), \Psi(x)$ とする．このとき，コーシー問題：$u_{tt} - u_{xx} = 0$, $u(x,0) = \Phi(x)$, $u_t(x,0) = \Psi(x)$ の解が求めるものである．

9 ある $t_0 > T$ において，$u(x, t_0) = u_t(x, t_0) = 0 (-t_0 < x < t_0)$ である．t_0 を初期時刻と考えて 3.1 節の問 3 を用いよ．

10 $F(t)$ は 2 回連続的微分可能とし，$t > 0$ では $F(t) = 0$, $t < 0$ では $F(t) \neq 0$ とする．$u(x,t) = F(x-t)$ は $x > t$ で 0，$x < t$ で 0 でない．また $u_{tt} = u_{xx}$ もみたしている．

12 t のかわりに ct ととればよい．

14 $u(x,t)$ が $u_{tt} = u_{xx}$, $u(x,0) = \varphi(x)$, $u_t(x,0) = \psi(x)$ をみたせば，$v(x,y,t) = u(x,t)$ は $v_{tt} = v_{xx} + v_{yy}$, $v(x,y,0) = \varphi(x)$, $v_t(x,y,0) = \psi(x)$ をみたし $u(x,t) = v(x,0,t) = \dfrac{\partial}{\partial t}\left(\dfrac{1}{2\pi}\displaystyle\int_{(x-\xi)^2+\eta^2<t^2}\dfrac{\varphi(\xi,\eta)}{\sqrt{t^2-(x-\xi)^2-\eta^2}}d\xi d\eta\right) + \dfrac{1}{2\pi}\displaystyle\int_{(x-\xi)^2+\eta^2<t^2}\dfrac{\psi(\xi,\eta)}{\sqrt{t^2-(x-\xi)^2-\eta^2}}d\xi d\eta$.

簡単な計算によって $\displaystyle\int_{-\sqrt{t^2-(x-\xi)^2}}^{\sqrt{t^2-(x-\xi)^2}}\dfrac{d\eta}{\sqrt{t^2-(x-\xi)^2-\eta^2}} = \pi$ を得るから，$v(x,0,t) = \dfrac{1}{2}\dfrac{\partial}{\partial t}\displaystyle\int_{x-t}^{x+t}\varphi(\xi)d\xi + \dfrac{1}{2}\displaystyle\int_{x-t}^{x+t}\varphi(\xi)d\xi$.

15 領域 $D: |x| \leqq t, 0 \leqq t \leqq L(L+\tau \geqq T)$ においては $R(x,t)(\varphi_{tt}(x+\xi, t+\tau) - \varphi_{xx}(x+\xi, t+\tau)) = ((-\varphi_x)_x + (\varphi_t)_t)/2$. これを D で積分して，ガウスの定理を用いる．以下 3.1 節の公式 (7) を導いたのと同じようにして示すことができる．

問題略解   **179**

16 $F(x)$ は $x=0$ 以外では 2 回連続的微分可能であって，$x=0$ は高々第 1 種不連続点とする．このとき $u(x,t) = F(x+t)$ または $F(x-t)$ が弱い解となることを示せばよい．以下 $F(x-t)$ について計算しよう．

$\omega \in C_0^2$ に対し，$\iint F(x-t)(\omega_{tt} - \omega_{xx})dxdt = \iint_{t>x} + \iint_{t<x}$ とおく．

ガウスの定理を用いて，$\iint_{t>x} = \iint_{t>x} \{(F\omega_t - F_t\omega)_t - (F\omega_x - F_x\omega)_x\}dxdt$

$= -\int_{t=x} (F\omega_x - F_x\omega)dt + (F\omega_t - F_t\omega)dx$

$= -\int_{t=x} (F\omega_x - F_x\omega)dx + (F\omega_t - F_t\omega)dt$

$= -\int_{t=x} Fd\omega - \omega dF = 0 \quad (x=t \text{ 上では } F=F(0) \text{ だから})$．

同様に $\iint_{t<x} = 0$ を示すことができる．

17 (ii) $k>0$ の場合　　$u(x,t) = v(x,0,t)$ であるから

$$u(x,t) = \frac{\partial}{\partial t}\left(\frac{1}{2\pi}\iint_{r<t}\frac{\varphi(\xi)\cos\sqrt{k}\eta}{\sqrt{t^2-r^2}}d\xi d\eta\right) + \frac{1}{2\pi}\iint_{r<t}\frac{\psi(\xi)\cos\sqrt{k}\eta}{\sqrt{t^2-r^2}}d\xi d\eta.$$

右辺の第 1 項の括弧内の関数を $\Phi(x,t)$，第 2 項を $\Psi(x,t)$ とおく．以下で $\Phi(x,t)$ を変形して行く．$r^2 = (x-\xi)^2 + \eta^2$ であるから，$a^2 = t^2 - (x-\xi)^2 (a>0)$ とおいて，

$\Phi(x,t)$
$= \int_{x-t}^{x+t}\varphi(\xi)d\xi\int_{-a}^{a}\frac{\cos\sqrt{k}\eta}{\sqrt{a^2-\eta^2}}d\eta = \int_{x-t}^{x+t}\varphi(\xi)d\xi\int_{-a}^{a}\cos\sqrt{k}\eta\left(\sin^{-1}\frac{\eta}{a}\right)'d\eta$

$= \int_{-\pi/2}^{\pi/2}\cos(\sqrt{k}a\sin\theta)d\theta \left(\theta = \sin^{-1}\frac{\eta}{a}\right) = 2\int_0^{\pi/2}\cos(\sqrt{k}a\sin\theta)d\theta$

$= \pi J_0(\sqrt{k}a)$．

同様に $\Psi(x,t) = \pi J_0(\sqrt{k}a)$．　$k<0$ の場合　　$\cosh x = \cos(ix)$ と考えればよい．

18　針金の微小部分の端点 P と Q で張力がそれぞれ T_1, T_2 とする（下図参照）．力の釣り合いとニュートンの法則により

$$T_1\cos\alpha = T_2\cos\beta = T = \text{一定}, \quad T_2\sin\beta - T_1\sin\alpha = \rho\Delta x \cdot u_{tt}.$$

右式の両辺を T で割って

$$\tan\beta - \tan\alpha = \frac{\rho\Delta x}{T}u_{tt} \quad (\tan\alpha = u_x(x,t), \tan\beta = u_x(x+\Delta x,t)).$$

Δx で割って，$\{u_x(x+\Delta x) - u_x(x)\}/\Delta x = c^{-2}u_{tt}$．　$\Delta x \to 0$ とせよ．

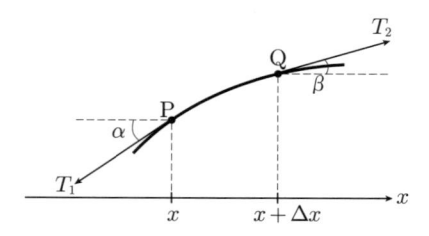

19 (i) $F(x+ct)+G(x-ct)$.

(ii) 3.2 節の展開式 (21) において，$A_1 = a$, $A_3 = -a$, その他は $A_n = 0$, $B_n = 0$ $(n \geqq 1)$ であるから

$$u(x,t) = a\cos\frac{\pi ct}{l}\sin\frac{\pi x}{l} - a\cos\frac{3\pi ct}{l}\sin\frac{3\pi x}{l}.$$

■ 第 4 章の問

4.1 問 1 $\iint_{D'} \Delta(\varphi\psi)dxdy = \int_{\Gamma'} \frac{\partial(\varphi\psi)}{\partial n}ds$ と
$\iint_{D'} (\psi\Delta\varphi - \varphi\Delta\psi)dxdy = \int_{\Gamma'} \left(\psi\frac{\partial\varphi}{\partial n} - \varphi\frac{\partial\psi}{\partial n}\right)ds$
を加えて $(\Delta(\varphi\psi) = \psi\Delta\varphi + \varphi\Delta\psi + 2(\varphi_x\psi_x + \varphi_y\psi_y))$，公式 (2) を得る．

4.2 問 2 $n\log n \leqq n + (\log 1 + \log 2 + \cdots + \log n)$ をいえばよい．

$\log 1 + \log 2 + \cdots + \log n \geqq \int_0^n \log x\,dx = n\log n - n + 1$ からわかる．

4.4 問 3 （A） $v - v_K$ は K の外で 0, K においては優調和である．問 2 により K において $v - v_K \geqq 0$.

（B） $v_k - w_K$ は K の外で 0, K においては調和である．よって最大値の原理により $v_K - w_K \geqq 0$.

（C） $u - u_K$ は K の外で 0, K において調和である．よって K においても $u - u_K = 0$.

（D） v_K について算術平均の定理を用いる．ここで K の周上では $v_K = v$ なることに注意せよ．

問 4 B と C にそれぞれ点電荷 $e, -e$ が置かれているので，P における電気ポテンシャルは

$$e\log(\overline{\mathrm{PC}}/\overline{\mathrm{PB}})/2\pi = \log(\overline{\mathrm{PC}}/\overline{\mathrm{PB}})/2\pi l$$

である．$l \to 0$ として (17) を得る．

4.6 問 1 D の外では $r > 0$ である．よって (2) の右辺の微分は積分記号の内に入れることができる．

問題略解   **181**

■ 第4章の演習問題

1 $a+c=0$. $a(x^2-y^2)+2bxy$ の $x^2+y^2=1$ での最大値,最小値を求めればよい.最大値 $=\sqrt{a^2+b^2}$,最小値 $=-\sqrt{a^2+b^2}$.

2 (i) $1+r^3\sin 3\theta = 1+\text{Im}(re^{i\theta})^3 = 1+3x^2y-y^3$ ($\text{Im}\,z$ は複素数 z の虚数部分を表す).

(ii) $r^2\cos 2\theta + r^4\sin 4\theta = \text{Re}(re^{i\theta})^2+\text{Im}(re^{i\theta})^4 = (x^2-y^2)(1+4xy)$ ($re^{i\theta}=x+iy$).

(iii) $r^n\cos n\theta = \text{Re}(re^{i\theta})^n$
$$= \sum_{j=0}^{m}\binom{2m}{2j}x^{2m-2j}(-y^2)^j \quad (n=2m \text{ のとき}),$$
$$= \sum_{j=0}^{m}\binom{2m+1}{2j}x^{2m-2j}(-y^2)^j \quad (n=2m+1 \text{ のとき}).$$

(iv) $r^n\sin n\theta = \text{Im}(re^{i\theta})^n$
$$= \sum_{j=0}^{m-1}\binom{2m}{2j+1}x^{2m-2j-1}y(-y^2)^j \quad (n=2m \text{ のとき}),$$
$$= \sum_{j=0}^{m}\binom{2m+1}{2j+1}x^{2m-2j-1}y(-y^2)^j \quad (n=2m+1 \text{ のとき}).$$

3 $u(r,\theta)-f(\theta_0) = \dfrac{1}{2\pi}\displaystyle\int_0^{2\pi}(f(t)-f(\theta_0))\dfrac{1-r^2}{1+r^2-2r\cos(\theta-t)}dt = \dfrac{1}{2\pi}\displaystyle\int_{\theta_0-\pi}^{\theta_0+\pi} = \dfrac{1}{2\pi}\displaystyle\int_{\theta_0-\delta}^{\theta_0+\delta} + \dfrac{1}{2\pi}\left(\displaystyle\int_{\theta_0-\pi}^{\theta_0-\delta}+\displaystyle\int_{\theta_0+\delta}^{\theta_0+\pi}\right) = I_0+I_1$ とおく.M を $|f(t)|$ の最大値とすれば,$|\theta-\theta_0|<\delta/2$ のとき,$|I_1|\leqq 2M(1-r^2)/(1+r^2-2r\cos\delta/2) \to 0\,(r\to 1)$. 他方 $|t-\theta_0|<\delta$ における $|f(t)-f(\theta_0)|$ の最大値を $\varepsilon(\delta)$ とすれば,$|I_0|\leqq \dfrac{\varepsilon(\delta)}{2\pi}\displaystyle\int_{\theta_0-\delta}^{\theta_0+\delta}\dfrac{1-r^2}{1+r^2-2r\cos(\theta-t)}dt \leqq \varepsilon(\delta)\to 0\,(\delta\to 0)$.

4 4.3節の公式 (13) において,r の代わりに r/R とおけばよい.

5 (i) 求まらない. (ii) $u=(x^2-y^2)(xy+1/2)+c$. (iii) $r^n\cos n\theta/n + c$. (iv) $r^n\sin n\theta/n + c$.

7 (i) $u\in s(f,D) \iff -u\in S(-f,D)$ なることと,4.4節の問2からわかる.

(ii) $v-w\in S(0,D)$ と 4.4節の問2から. (iii) $-w\in S(-f,D)$ より $(-w)_K = -w_K \in S(-f,D)$. よって $w_K\in s(f,D)$.

(iv) $-u\in S(-f,D)$ より明らか.

8 $g\equiv v-u\in B(0,D)$. $E(v)=E(g)+E(u)$ を導け.$E(g)\geqq 0$ より,$E(u)\leqq E(v)$ を得る.

9 $f(x) = g(x)(x-1)^3 = 1+h(x)(x-1/2)^3$ とおける.$g(x), h(x)$ は2次関数である.$f'(x)$ は $(x-1)^2$ および $(x-1/2)^2$ なる因子をもつから,$f'(x)=$

$a(x-1)^2(x-1/2)^2 = a\{(x-1)^4+(x-1)^3+(x-1)^2/4\}$ となる.$f(1/2)=1$ より $a=-32\cdot30=-960$.よって $f(x)=-16(12x^2-9x+2)(x-1)^3$.$1/2<x<1$ において $f'(x)<0$ であるから,そこにおいて $0<f(x)<1$.

10 $\iint \rho_\varepsilon(x,y)\varphi(x,y)dxdy - \varphi(0,0) = \iint \rho_\varepsilon(x,y)(\varphi(x,y)-\varphi(0,0))dxdy$.
$\rho_\varepsilon(x,y)$ は $r \geqq \varepsilon$ で 0 となること,$\rho_\varepsilon(x,y) \geqq 0$ なることおよび $\iint \rho_\varepsilon(x,y)dxdy = 1$ なることから,上の積分の絶対値は $\max_{r\leqq\varepsilon}|\varphi(x,y)-\varphi(0,0)|$ を越えることはない.よって $\varepsilon \to 0$ のとき,それは 0 に収束する.

11 (ⅰ) $(u*\rho_\varepsilon)(x,y)=\iint u(\xi,\eta)\rho_\varepsilon(x-\xi,y-\eta)d\xi d\eta$ より,
$$\Delta(u*\rho_\varepsilon) = \iint u(\xi,\eta)\Delta_{(x,y)}\rho_\varepsilon(x-\xi,y-\eta)d\xi d\eta$$
$$= \iint u(\xi,\eta)\Delta_{(\xi,\eta)}\rho_\varepsilon(x-\xi,y-\eta)d\xi d\eta.$$
$\rho_\varepsilon(x-\xi,y-\eta)$ は (x,y) を固定して,(ξ,η) の関数とみるとき,C_0^2 に属する.よって $\Delta(u*\rho_\varepsilon)=0$ である.

(ⅱ) $(u*\rho_\varepsilon)(x,y)-u(x,y)=\iint(u(x-\xi,y-\eta)-u(x,y))\rho_\varepsilon(\xi,\eta)d\xi d\eta$.よって
$$\max_{(x,y)\in K}|(u*\rho_\varepsilon)(x,y)-u(x,y)|$$
$$\leqq \iint \max_{(x,y)\in K}|u(x-\xi,y-\eta)-u(x,y)|\cdot\rho_\varepsilon(\xi,\eta)d\xi d\eta \to 0 \ (\varepsilon\to 0).$$

(ⅲ) 定理 4.3 と上の (ⅰ),(ⅱ) からでる.

12 $P=(x,y)$,$P'=(x',y')$ とし,$\Gamma_\varepsilon,\Gamma_{\varepsilon'}$ をそれぞれ $K_\varepsilon,K_{\varepsilon'}$ の境界とする.$K_\varepsilon,K_{\varepsilon'}$ の外に出ている法線方向を n で表せば,
$$0=\iint_{D-K_\varepsilon-K_{\varepsilon'}}(v\Delta u-u\Delta v)dxdy = \left(\int_\Gamma - \int_{\Gamma_\varepsilon} - \int_{\Gamma_{\varepsilon'}}\right)\left(v\frac{\partial u}{\partial n}-u\frac{\partial v}{\partial n}\right)ds$$
である.Γ は D の境界である.$\int_\Gamma=0$ より,$-\int_{\Gamma_\varepsilon}=\int_{\Gamma_{\varepsilon'}}$.ところが容易に $\int_{\Gamma_\varepsilon}\to G(P',P)$.$\int_{\Gamma_{\varepsilon'}}\to -G(P,P')$ $(\varepsilon\to 0)$ がわかる.

13 $\xi=\rho\cos t$,$\eta=\rho\sin t$,$x=r\cos\theta$,$y=r\sin\theta$ とおいて計算せよ.

14 w は $r<R$ で調和であることに注意せよ.また $r=R$ 上では $w=0$ である.よって $w\equiv 0$ を得る.よって $v(x,0)=0$ となる.ところが $r=R$ 上で $v=U$ であるから,$U=v$ と結論できる.

15 前問より,$y<0$ も含めた領域で調和となるように u を拡張できる.ところが定理 4.4 により u は解析的であるから,特に $u_y(x,0)=\psi(x)$ も x について解析的

問題略解　　　　　　　　　　　　　　　　　　　　　　　　　　**183**

となる．

16　$u_1\Delta u_2 + k_2 u_1 u_2 = 0,\ u_2 \Delta u_1 + k_1 u_1 u_2 = 0.$ この2つの差をとって，$u_2 \Delta u_1 - u_1 \Delta u_2 = (k_1 - k_2) u_1 u_2.$ これを D で積分して
$$(k_1 - k_2) \iint_D u_1 u_2 dx dy = \iint_D (u_2 \Delta u_1 - u_1 \Delta u_2) dx dy$$
$$= \int_\Gamma \left(u_2 \frac{\partial u_1}{\partial n} - u_1 \frac{\partial u_2}{\partial n} \right) ds = 0.$$

17　(ⅰ) 4.3節におけるように，変数 θ, r を分離して $u(r, \theta) = R(r)H(\theta)$ の形の解を考える．かかる解は一般に
$$u(r, \theta) = (A_0 + B_0 \log r) + \sum_{n=1}^{\infty} (A_n r^n + B_n r^{-n})(a_n \cos n\theta + b_n \sin n\theta)$$
と書ける．$u(1, \theta) = 1,\ u(e, \theta) = 0$ より $A_0 = 1,\ A_0 + B_0 = 0,\ A_n = B_n = 0\ (n \geqq 1)$ となる．よって求める解は $u = 1 - \log r$．
(ⅱ) $u(1, \theta) = \cos\theta,\ u(e, \theta) = 0$ より，$(A_1 + B_1)a_1 = 1,\ (A_1 e + b_1 e^{-1})a_1 = 0,$ その他の A_n, B_n は零である．この連立方程式を解いて，$A_1 a_1 = 1/(1-e^2),$ $B_1 a_1 = -e^2/(1-e^2)$．よって求める解は $u = \left\{ \dfrac{r}{1-e^2} - \dfrac{e^2}{(1-e^2)r} \right\} \cos\theta.$

18　(ⅰ)の一般解は $u = f(x^2 + y^2)$ である．この u を(ⅱ)に代入して $f' + (x^2 + y^2)f'' = 0$ を得る．これを解いて $f(t) = c_1 \log t + c_2.\ u(x, y) = c_1 \log r + c_2\ (r^2 = x^2 + y^2).$

19　O から A までの曲線 Γ の長さを s とする．$\alpha = \tan^{-1}(\eta - y)/(\xi - x)$ を s で微分する．$\boldsymbol{t} = (\xi', \eta'),\ \boldsymbol{n}_A = (\eta', -\xi')$ であるから $\dfrac{d\alpha}{ds} = \dfrac{\overrightarrow{PA} \cdot \boldsymbol{n}_A}{r^2}$ と書ける．よって $\int_\Gamma \dfrac{\overrightarrow{AP} \cdot \boldsymbol{n}_A}{r^2} ds = -\int_\Gamma d\alpha$ となる．

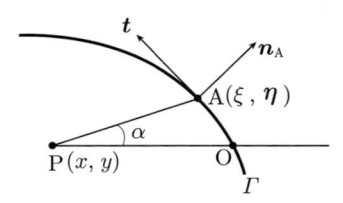

20　$V_\omega(x, y)$ の Γ 上の点 P での法線微分は (14) で与えられる．ω が積分方程式の解であるから (14) の右辺は f に等しい．V_ω は明らかに調和関数である．

21　$u(x, y) = \sum_{n=1}^{\infty} B_n(y) \sin nx$ とおく．$\varphi(x) = \sum_{n=1}^{\infty} B_n(0) \sin nx$ より，$B_n(0) = \dfrac{4}{\pi n^2} \sin \dfrac{n\pi}{2}.\ u_{xx} + u_{yy} = 0$ から $B_n'' - n^2 B_n = 0.\ u(x, y) \to 0\ (y \to \infty)$

より $B_n(y) = B_n(0)e^{-ny}$. よって $u(x,y) = \dfrac{4}{\pi}\sum_{n=1}^{\infty}\dfrac{1}{n^2}\sin\dfrac{n\pi}{2}e^{-ny}\sin nx$.

22 $\Delta\tan^{-1}(y/x) = 0$ である. 一般に $\Delta u^a = au^{a-1}\Delta u + a(a-1)u^{a-2}(u_x{}^2+u_y{}^2)$. よって $\Delta f = a(a-1)f^{a-2}(f_x{}^2+f_y{}^2) = 0$ より $a=0$ と $a=1$.

■ 第 5 章の問

5.1 問 2 すべての負でない整数 k に対して,$\displaystyle\sum_{n=0}^{\infty}\left(\dfrac{n\pi}{L}\right)^k e^{-(n\pi/L)^2 t} < \infty\ (t>0)$ をいえばよい. それにはどんな自然数 l に対しても $\displaystyle\lim_{x\to\infty} x^l e^{-x} = 0$ なることと,$\displaystyle\sum_{n=1}^{\infty} 1/n^2 < \infty$ を用いればよい.

5.2 問 1 斉次方程式の基本解は $f(x) = e^{\sqrt{s}x}$,$g(x) = e^{-\sqrt{s}x}$ である. 非斉次方程式の特殊解は $\displaystyle\int_0^x \varphi(\xi)\{f(\xi)g(x) - f(x)g(\xi)\}/W(f,g)d\xi$ と書ける. W は f と g のロンスキャンで,この場合は $W = -1/2\sqrt{s}$ である.

問 2 正則関数 e^{-x^2} に対して,コーシーの積分定理を用いよ.

5.3 問 1 $\displaystyle\int_0^{\infty} \eta e^{-\eta^2}d\eta = \dfrac{1}{2}\int_0^{\infty} e^{-\eta^2}d(\eta^2) = \dfrac{1}{2}\int_0^{\infty}e^{-\eta}d\eta = \dfrac{1}{2}$.

■ 第 5 章の演習問題

1 3.2 節の II(C) におけると同様にできる. 固有値 $\lambda_n = (n\pi/L)^2\ (n=0,1,2,\cdots)$,それに対応する固有関数 $= C_n\cos\sqrt{\lambda_n}x$ (C_n は定数).

2 $\displaystyle\sum_{n=0}^{\infty} A_n\cos n\pi x/L = \varphi(x)$ となるように A_n を決めればよい. よって
$$A_n = \dfrac{2}{L}\int_0^L \varphi(x)\cos\dfrac{n\pi x}{L}dx.$$

3 (i) $u = e^{-n^2 t}\sin nx$.

(ii) $u = \displaystyle\sum_{n=1}^{\infty}\dfrac{4}{L}\left(\dfrac{L}{n\pi}\right)^3 (1+(-1)^{n+1})e^{-(n\pi/L)^2 t}\sin\dfrac{n\pi x}{L}$.

(iii) $u = e^{-n^2 t}\cos nx$. (iv) $u = 2 - e^{-(2\pi/L)^2 t}\cos\dfrac{2\pi x}{L}$.

5 (ii) $\displaystyle\lim_{s\to\infty} s^a e^{-s} = 0$ (a は実数) をいえばよい.

6 $u_1 = \displaystyle\int_{-\infty}^{\infty} K(x-\xi,t)\cos\xi d\xi$,$u_2 = \displaystyle\int_{-\infty}^{\infty} K(x-\xi,t)\sin\xi d\xi$ とすれば,$u_1+iu_2 = \displaystyle\int_{-\infty}^{\infty} K(x-\xi,t)e^{i\xi}d\xi = \int_{-\infty}^{\infty} K(\xi,t)e^{i(x-\xi)}d\xi = e^{ix}\int_{-\infty}^{\infty} K(\xi,t)e^{-i\xi}d\xi$. 5.2 節における計算と同じようにして,$u_1+iu_2 = e^{ix-t}$. よって $u_1 = e^{-t}\cos x$,$u_2 = e^{-t}\sin x$.

問題略解   **185**

7 $L \geqq L_0$ に対して,
$$u_L(x,t) = \frac{2}{\pi} \int_0^L \varphi(\xi) \left(\sum_{n=0}^{\infty} \frac{\pi}{L} \sin \frac{n\pi\xi}{L} \sin \frac{n\pi x}{L} e^{-(n\pi/L)^2 t} \right) d\xi$$
$$\xrightarrow[(L\to\infty)]{} \frac{2}{\pi} \int_0^{\infty} \varphi(\xi) d\xi \int_0^{\infty} \sin \lambda \xi \sin \lambda x e^{-\lambda^2 t} d\lambda$$
$$= \int_0^{\infty} (K(x-\xi,t) - K(x+\xi,t))\varphi(\xi) d\xi = \int_{-\infty}^{\infty} K(x-\xi,t)\Phi(\xi) d\xi.$$

8 定理 5.4 の証明において, $x_1 = 0$, $v(x,t) = K(x-\xi, \tau-t) - K(\xi+x, \tau-t)$ と選んでやればよい.

9 $0 = \int_{\Gamma} (vu_x - uv_x)dt + uvdx$ ($\Gamma = C_1 \cup C_2$). 一方 Γ 上で $v = u$, $v_x = u_x$ だから $\int_{\Gamma} u^2 dx = 0$. よって Γ 上で $u = 0$. とくに $u(\alpha, 0) = 0$.

10 熱流は $v(x,t) = -Ku_x(x,t)$ である. 棒の微小部分 PQ 内に溜る熱量は, 単位時間あたり, $A\{v(x,t) - v(x+\Delta x,t)\}$ である. 他方この微小部分にある総熱量は $\sigma\rho A\Delta x \cdot u(x,t)$ であるから
$$K \frac{u_x(x+\Delta x, t) - u_x(x,t)}{\Delta x} = \sigma \rho u_t(x,t).$$
ここで $\Delta x \to 0$ として $u_t = c^2 u_{xx}$ を得る.

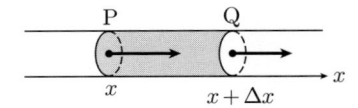

11 初期値境界値問題 $u_t = c^2 u_{xx}$, $u(x,0) = T_1$, $u(0,t) = u(l,t) = T_2$ を解けばよい. $v = u - T_2$ とおいて, $v_t = c^2 v_{xx}$, $v(x,0) = T_1 - T_2$, $v(0,t) = v(l,t) = 0$ に変数分離法を適用して,
$$v(x,t) = \sum_{n=1}^{\infty} b_n e^{-(n\pi c/l)^2 t} \sin \frac{n\pi x}{l}, \quad v(x,0) = \sum_{n=1}^{\infty} b_n \sin \frac{n\pi x}{l}$$
と書ける. この右辺の級数は, $\varphi(x) = T_1 - T_2 (0 < x < l), = T_2 - T_1 (-l < x < 0)$ のフーリエ級数展開である. よって
$$b_n = \frac{2}{l} \int_0^l (T_1 - T_2) \sin \frac{n\pi x}{l} dx = \frac{2}{\pi} \int_0^{\pi} (T_1 - T_2) \sin ny dy$$
$$= \begin{cases} 4(T_1 - T_2)/n\pi & (n : \text{奇数}) \\ 0 & (n : \text{偶数}). \end{cases}$$
求める解は $u(x,t) = v(x,t) + T_2$ である.

12 前問の $v(x,t)$ の展開式で $l=1$ ととればよい.

$$u(x,t) = \sum_{n=1}^{\infty} b_n e^{-(n\pi c)^2 t} \sin n\pi x.$$

13 $v = uw$ を方程式に代入して, $(u_t - c^2 u_{xx})w = -u(w_t + \beta w)$. よって $w = ce^{-\beta t}$ と選べば $u_t - c^2 u_{xx} = 0$ を得る.

14 (ⅰ) $y = c_1 e^{(\sqrt{3}+i)x} + c_2 e^{-(\sqrt{3}+i)x}$ が一般解で, $y(0) = 1$, $y(\infty) = 0$ より $c_1 = 0$, $c_2 = 1$ と選べばよい. (ⅱ) $u(x,t) = ce^{-\sqrt{3}x} e^{i(\sqrt{3}t-x)}$ は方程式をみたしている. $c = e^{i\pi/4}$ と選んで, u の実数部分 $e^{-\sqrt{3}x} \cos(\sqrt{3}t - x + \pi/4)$ が1つの解である.

索　引

あ　行

依存領域　domain of dependence
　　　　　　　　　　　　74, 92, 96
一般解　general solution　12, 73

影響領域　domain of influence　74, 93, 96
エネルギー積分　energy integral　83
エネルギー保存の法則　conservation law of energy　83

か　行

解析的　analytic　23
回転　rotation　33
解の一意性　uniqueness of solution
　コーシー問題の——　95
　混合問題の——　82
　初期値境界値問題の——　151
　初期値問題の——　158
解の存在　existence of solution
　混合問題の——　83, 86
　初期値境界値問題の——　152
　初期値問題の——　158
　ディリクレ問題の——　123, 126, 129
ガウス（Gauss）
　——の公式　34
　——の発散定理　divergence theorem of　34
重ね合せの原理　principle of superposition　86

奇関数　odd function　48
ギブスの現象　Gibbs phenomenon　60
基本解　fundamental solution
　熱方程式の——　158
　ポテンシャル方程式の——　135

境界条件　boundary condition
　熱方程式の——　149
　波動方程式の——　79, 82
　ポテンシャル方程式の——　117
境界値問題　boundary value problem　117
　第1種——　first　117
　第2種——　second　117
鏡像の原理　principle of reflection　147

偶関数　even function　48
グリーン（Green）
　——関数　Green function　136
　——の公式　Green's formula　36

合成積　convolution　58, 71
勾配　gradient　33
コーシー・コワレフスキー（Cauchy-Kowalewsky）の定理　23
コーシー問題　Cauchy problem
　2階偏微分方程式の——　20
　波動方程式の——　73
コーシー・リーマン（Cauchy-Riemann）の方程式　2
固有関数　eigenfunction
　　　　　　　　88, 119, 143, 152
固有値　eigenvalue　88, 119, 143, 152
　——問題　eigenvalue problem
　　　　　　　　88, 144, 152
混合問題　mixed problem　79, 82

さ　行

最大値の原理　maximum principle
　熱方程式の——　150
　ポテンシャル方程式の——　110
三角関数系の完全性　completeness of trigonometrical functions system　45

算術平均の性質　mean value property　108
周期関数　periodic function　48
初期曲線　initial curve　6, 19
初期条件　initianal condition
　　1階偏微分方程式の——　6
　　2階偏微分方程式の——　20
　　熱方程式の——　149
　　波動方程式の——　73, 79, 82
初期値　initial valne　6, 20
初期値境界値問題　initial-boundary value problem
　　第1種——　first　149
　　第2種——　second　149
初期値問題　initial value problem
　　1階偏微分方程式の——　6, 13
　　2階偏微分方程式の——　20
　　熱方程式の——　154
ストークスの公式　Stokes' formula　37

積分曲面　integral surface　10
積分方程式　integral equation　130
接線微分　tangential derivative　20

双曲型　hyperbolic　29
素解　elementary solution
　　熱方程式の——　157
　　ポテンシャル方程式の——　135

た　行

楕円型　elliptic　29
たたみ込み　convolution　146
単位階段関数　unit step function　64
単連結領域　simply connected domain　39

遅延ポテンシャル　retarded potential　94
超関数　distribution　135
調和　harmonic
　　——関数　harmonic function　107
　　優——　superharmonic　123
　　劣——　subharmonic　145
ディリクレ（Dirichlet）
　　——核　kernel　50
　　——条件　condition　117
　　——積分　integral　126
　　——の原理　principle　126
　　——問題　problem　117
適合　reasonable　117
δ(デルタ)-関数　δ-function　134
電信方程式　telegraph equation　102

特性錐　characteristic cone　93
特性線　characteristic curve　5, 10, 21
特性的　characteristic　21
特性微分方程式　characteristic differential equation　21
特性方向　characteristic direction　21
特性方程式　characteristic equation　21

な　行

熱方程式　heat equation　3, 149

ノイマン（Neumann）
　　——条件　condition　117
　　——問題　problem　117, 132

は　行

パーセバルの等式　Parseval's equality　50
発散　divergence　33
波動の拡散　diffusion of wave　96
波動方程式　wave equation　3
　　1次元——　one-dimensinal　73
　　2次元——　two-dimensinal　95
　　3次元——　three-dimensinal　90

非斉次波動方程式　inhomogeneous wave equation　75, 93
標準形　canonical forms　30

索　引

フーリエ (Fourier)
　——逆変換　inverse transformation　57
　——級数　series　49
　　——の複素形式　complex formula　70
　　——係数　cofficient　45
　　——正弦級数　sine series　69
　——積分　integral　54
　　——の積分公式　integral formula　70
　　——の積分表示　integral expression　56
　——変換　transform　54
　　——に関する反転公式
　　　　inversion formula　56
　　——余弦級数　cosine series　69
付帯条件　additional condition　3, 117

平面におけるガウスの公式
　　Gauss' formula in the plane　35
ベッセル (Bessel)
　——関数　function　102
　——の不等式　inequality　47
　——の方程式　equation　101
変数低減法　method of descent　95
変数分離法　separation of variables　86
偏微分方程式　partial differential equation　1
　準線形——　quasi-linear　1
　定数係数線形——　linear partial differential equation with constant coefficients　3
　——の解　solution　1
　——の階数　order　1
　線形——　linear　1
　非線形——　non-linear　1
　連立——　system of partial differential equations　1

ポアソン (Poisson)
　——核　kernel　121
　——積分　integral　121
　——の方程式　equation　137
法線微分　normal derivative　19
放物型　parabolic　29
ポテンシャル　potential
　1 重層——　simple layer　130
　2 重層——　double layer　130
　——方程式　equation　3

や　行

優関数　supperfunction　123

弱い解　weak solution　43, 105, 146

ら　行

ラプラス (Laplace)
　——逆変換　inverse transformation　62
　——の方程式　equation　3
　——変換　transformation　61

ルベーグの収束定理　Lebesgue's theorem of convergence　51

劣関数　subfunction　145
連結　connected　110

著者略歴

加藤　義夫
（か とう　よし お）

1957年　名古屋大学理学部物理学科卒業
1959年　名古屋大学理学部数学科卒業
現　在　名古屋大学名誉教授
　　　　理学博士

サイエンスライブラリ　現代数学への入門＝11

偏微分方程式 [新訂版]

1975年 9月20日 Ⓒ	初　版　発　行
1997年 2月25日	初版第14刷発行
2003年10月25日 Ⓒ	新訂第1刷発行
2020年 7月10日	新訂第4刷発行

著　者　加藤義夫　　　　発行者　森平敏孝
　　　　　　　　　　　　印刷者　杉井康之
　　　　　　　　　　　　製本者　小西惠介

発行所　株式会社　サイエンス社
〒151-0051　東京都渋谷区千駄ヶ谷1丁目3番25号
営業☎(03) 5474-8500（代）　振替 00170-7-2387
編集☎(03) 5474-8600（代）
FAX☎(03) 5474-8900

印刷　ディグ　　　　　製本　ブックアート
《検印省略》

本書の内容を無断で複写複製することは，著作者および
出版者の権利を侵害することがありますので，その場合
にはあらかじめ小社あて許諾をお求め下さい．

サイエンス社のホームページのご案内
http://www.saiensu.co.jp
ご意見・ご要望は
rikei@saiensu.co.jp まで．

ISBN4-7819-1049-1
PRINTED IN JAPAN

KeyPoint & Seminar
工学基礎 微分方程式 [第2版]
及川・永井・矢嶋共著　2色刷・A5・本体1850円

微分方程式概説 [新訂版]
岩崎・楳田共著　A5・本体1700円

基礎課程 微分方程式
森本・浅倉共著　A5・本体1900円

微分方程式講義
金子　晃著　2色刷・A5・本体2200円

基礎演習 微分方程式
金子　晃著　2色刷・A5・本体2100円

微分方程式演習 [新訂版]
加藤・三宅共著　A5・本体1950円

フーリエ解析とその応用
洲之内源一郎著　A5・本体1480円

フーリエ解析・ラプラス変換
寺田文行著　A5・本体1200円

＊表示価格は全て税抜きです．

サイエンス社